Christian Lorey

Christoph Gerhard

Womit das Vakuum gefüllt ist

CHRISTIAN LOREY
CHRISTOPH GERHARD

WOMIT DAS VAKUUM GEFÜLLT IST

33 GRÜNDE, DAS STAUNEN ZU LERNEN

Vier-Türme-Verlag

Bibliografische Information der Deutschen Nationalbibliothek
Die Deutsche Nationalbibliothek verzeichnet diese Publikation in der Deutschen Nationalbibliografie. Detaillierte bibliografische Daten sind im Internet über http://dnb.d-nb.de abrufbar.

1. Auflage 2018

Lektorat: Marlene Fritsch
Umschlaggestaltung: Chandima Soysa
Umschlagmotiv: Chandima Soysa
Druck und Bindung: Finidr s.r.o., Český Těšín
ISBN 978-3-7365-0158-4

www.vier-tuerme-verlag.de

Inhalt

EINLEITUNG

»Wie, Sie sind leidenschaftliche Naturwissenschaftler und glauben noch an Gott?« – eine Frage, die uns immer wieder gestellt wird. Unsere Antwort darauf ist: Gerade weil wir uns leidenschaftlich mit Naturwissenschaften befassen, glauben wir an Gott.

Seit der Zeit der Aufklärung haben die Naturwissenschaften eine atemberaubende Entwicklung durchlaufen und dominieren alle Bereiche unserer modernen Gesellschaft. Keiner ist davon ausgenommen. Man geht davon aus, dass sich das naturwissenschaftliche Wissen innerhalb von zehn bis fünfzehn Jahren verdoppelt und sich mit diesem rasant wachsenden Wissen der Glaube an Gott widerlegen lässt.

Dabei spielen aber der Glaube an Gott und die Naturwissenschaften auf völlig verschiedenen Gebieten menschlicher Erkenntnis. Dem Glaubenden kommt es auf eine lebendige Beziehung zu Gott an, die notwendig persönlich-subjektive Anteile hat. Beim naturwissenschaftlichen Arbeiten müssen aber gerade diese persönlichen Anteile des Forschers ausgeblendet werden. Der naturwissenschaftliche Erkenntnisgewinn besteht aus Generalisierung, Reduzierung und Theoriebildung. Diese Theorien können nur falsifiziert und nicht letztgültig bewiesen werden. Der Prozess der Falsifizierung hilft aber auch bei der Festigung gängiger Theorien.

Bei Gotteserfahrungen geht es zunächst um persönliche Erlebnisse, die mit anderen Glaubenden geteilt werden und mit den Erfahrungen anderer Menschen, die in den religiösen Schriften niedergeschrieben sind, verglichen werden können. Religiöse Erfahrung fragt aber auch immer nach einer Lebensordnung, Wertorientierung und Sinn, die durch naturwissenschaftliche Methoden nicht beantwortet werden können. Dabei ist das offene Gespräch unter den Gläubigen entscheidend. Das ist in Bezug auf den naturwissenschaftlichen Erkenntnisgewinn ähnlich: Durch Disputationen, also Diskussionen und Gespräche, bildet sich ein Konsens unter den Forschern heraus.

Hier werden die Differenzen, aber auch Ähnlichkeiten von Naturwissenschaft und Glaube deutlich. Durch die naturwissenschaftliche Forschung kann Gott nicht widerlegt, aber auch nicht bewiesen werden. Doch sie kann einen Hinweis für den suchenden Menschen auf das Handeln Gottes in unserer Welt sein. Der Gegensatz zwischen Gottesglaube und naturwissenschaftlicher Erkenntnis wurde und wird hauptsächlich durch fundamentalistische Strömungen aufgemacht, die nur eine Seite gelten lassen wollen. Damit wird jedoch die Sicht auf unsere Wirklichkeit in einer unzulässigen Weise verengt.

Dieses Buch möchte den Leser auf eine staunenswerte Reise in die Welt der zunächst nüchtern erscheinenden Naturwissenschaften mitnehmen, deren Ergebnisse aber auf einen zweiten Blick immer wieder zum Staunen anregen. So kann zwischen beiden Welten eine Brücke geschlagen werden, die die Sichtweise auf unsere eine Wirklichkeit weitet. Wenn man über die Bedeutung naturwissenschaftlicher Erkenntnisse tiefer nachdenkt, tragen sie zur Verzauberung der Welt bei und führen nicht, wie manche meinen, zu einer Entzauberung der Wirklichkeit, die uns umgibt. Wenn man naturwissenschaftliche Einsichten ernst nimmt, kommt man aus dem Staunen gar nicht mehr heraus, denn eine Antwort zieht mindestens zehn neue Fragen nach sich.

Die naturwissenschaftlichen Inhalte sind weitestgehend auf allgemeinverständlichem Niveau beschrieben, wobei die einzelnen Kapitel teilweise aufeinander aufbauen. So erschließt sich deren Verständlichkeit in der vorliegenden Reihenfolge am besten.

Dabei ist es jedem Leser selbst überlassen, was er persönlich als staunens- oder wundernswert entdeckt. Das kann das ganze Thema eines Kapitels sein oder auch jedes einzelne Detail. In das angenehme freudige Wundern kann sich auch ein Erschrecken über die Dimensionen und Vorgänge in der Natur mischen, sodass das innere Aufhorchen zum weiteren Fragen, Suchen und Antwort-Finden anregt.

Mit dreiunddreißig Phänomenen aus Astronomie, Biologie, Chemie und Physik, die uns besonders staunenswert erscheinen, wollen wir Sie mit auf eine Entdeckungsreise durch die Naturwissenschaften nehmen. So kann jeder, der es will, in jedem staunenswerten Detail der belebten und unbelebten Natur Gott finden und so das scheinbare Vakuum zwischen Naturwissenschaft und Glauben füllen.

1. KONSTANT KLARE SCHÖNHEIT – UNSER KOSMOS

Der Begriff »Kosmos« kommt aus dem Griechischen und geht auf Pythagoras und Heraklit zurück. Er hat mehrere Bedeutungen: Ordnung, Schönheit, Ganzes, Einheit von Himmel und Erde. Wir benutzen heute auch synonym dazu Begriffe wie Universum, Welt und Weltall und meinen die Gesamtheit von Raum, Zeit, Energie und Materie. Der Gegenbegriff zum Kosmos ist das Chaos, das Ungeordnete, Unschöne und Zerstörende. Aber trägt der Kosmos seine Bezeichnung zurecht? Ist wirklich alles geordnet und so, wie wir es von der Naturbeobachtung auf der Erde her kennen?

Es brauchte die modernen Naturwissenschaften, um überhaupt die Naturgesetze in ihrer allgemeinen Gültigkeit zu formulieren. Als einer der Ersten, der einen solchen allgemeingültigen Zusammenhang über die Erde hinaus herstellen konnte, ist Isaac Newton mit seiner Gravitationstheorie zu nennen. Er entwickelte aus der Einsicht in die Bewegungsabläufe auf der Erde ein Gesetz, nach dem sich alle mit Masse behafteten Körper bewegen.

Zunächst war dieser Zusammenhang nur auf der Erde gültig nachweisbar, aber seine allgemeine Ableitung zeigte, dass er auch auf die Planeten und ihren Bewegungen Anwendung finden konnte. Was Johannes Kepler noch in einer Art »magnetischen Kraft« vermutete, lag für Newton in der Gravitation, der Schwerkraft und ihrer Wirkung auf alle Körper, begründet. Ein naturwissenschaftliches Gesetz galt damit nicht nur auf der Erde, sondern fand auch bei den Himmelskörpern auf ihrer Bahn um die Sonne seine Bestätigung.

Entscheidend waren bei der Gravitationstheorie für Newton zunächst nur Proportionen: Je schwerer ein Körper, desto stärker auch die von ihm ausgehende Gravitationskraft. Im Lauf der Geschichte führte man daher eine Konstante ein, die zwischen den verschiedenen Massen und Kräften vermittelte und sie für die Berechnung in die richtige Größenordnung brachte: die Gravitationskonstante. Sie ist eine sehr kleine und doch - im wahrsten Sinn des Wortes - gewichtige Zahl: im Normalfall kommen nach dem Komma erst einmal zehn Nullen, bevor sie mit zwei Sechsen startet.

Nach der Gravitation fand man noch weitere Bestätigungen dafür, dass sowohl auf der Erde als auch im Weltall die gleichen Gesetze gelten. Wichtig war dabei Joseph Fraunhofer und seine Forschungen zum Licht der Sonne: Als er mit einem Prisma sehr genau das Sonnenlicht aufspaltete, sah er wie schon andere zuvor ein Regenbogenband, das von Rot über Gelb und Grün bis Blau leuchtete. Beim näheren Betrachten entdeckte er verschiedene dunkle Linien in diesem sogenannten Spektrum der Sonne. In der gleichen Zeit fand Robert Wilhelm Bunsen das Gegenstück zu den dunklen Linien im Licht von hoch erhitzten Proben einzelner Stoffe wieder. Jedes physikalische Element hatte einen charakteristischen Fingerabdruck, durch den man es identifizieren konnte! Natrium leuchtet zum Beispiel gelb auf, andere Elemente blau oder rot. Genau genommen fand man zu jedem Element einen ganz individuellen Satz an hellen Linien, an dem es erkannt werden konnte.

Fraunhofer wandte nun dieses Wissen wieder auf die Sonne und die Sterne an. So konnte er die Elemente, die auf der Erde nachweislich vorkommen, im ganzen Weltall wiederfinden. Die Gültigkeit der Naturgesetze, wie man sie hier auf der Erde kannte, ließ sich auf den ganzen beobachtbaren Bereich der Welt übertragen. Mithilfe des Lichtes und seines Spektrums konnten so Informationen über weit entfernte Sterne gewonnen werden. Das für uns als viel zu kleine Menschen unzugängliche Weltall hatte einen Botschafter bekommen: das Licht und seine Farben! Fraunhofer und Bunsen brachten uns die Sterne nahe. Heute wissen wir über Distanzen von Millionen von Lichtjahren hinweg, was in weit entfernten Galaxien geschieht, wenn wir ihr Licht beobachten und es analysieren.

Nach der Entdeckung der Gravitation wurden viele weitere Bereiche der Physik entwickelt. Der Elektro-Magnetismus, bei dem bereits das Wort anzeigt, dass hier zwei Bereiche ineinandergreifen: der Teil, der von geladenen Teilchen ausgeht, und der untrennbar damit zusammenhängende Magnetismus.

Immer wieder benötigen Physiker fundamentale Konstanten in ihren Berechnungen, die aus den Formeln nicht wegzudenken sind. Bis heute fanden die Physiker vierzig dieser fundamentalen Konstanten. Dazu gehören so prominente und große Vertreter wie die Lichtgeschwindigkeit mit etwa 300 000 Kilometern pro Sekunde. Aber auch sehr kleine Konstanten wie das Plancksche Wirkungsquantum, das aus der Quantenphysik stammt. Ohne diese Konstanten funktionieren die Formeln nicht und es entsteht kein sinnvoller Zusammenhang im Zusammenspiel der verschiedenen Bereiche der Physik. Aber das ist noch nicht alles: Man hat einmal versucht, mit diesen Konstanten im Kosmos zu »spielen«. Der sich daraus ergebende Misserfolg war immer der gleiche: Unsere Welt funktioniert nur mit den Naturkonstanten, so, wie sie sind beziehungsweise wie sie gemessen wurden. Machte man die eine etwas größer, die andere kleiner, dann würde entweder alles auseinanderfliegen oder unsere bekannte Physik wie ein Kartenhaus zusammenstürzen.

Die etwa vierzig Naturkonstanten sind echte Konstanten, das heißt: Sie können nicht hier auf der Erde so und in weit entfernten Galaxien anders sein. Aber sie müssen nicht nur räumlich gleich bleiben, sondern auch zeitlich über die vergangenen 13,8 Milliarden Jahre, was dem heute geschätzten Alter unseres Weltalls entspricht, damit genau das werden konnte, was geworden ist.

Als wäre das nicht schon erstaunlich genug, gesellt sich zu den grundlegenden Gesetzen und Konstanten noch etwas ganz anderes Konstitutives hinzu: der Zufall der Quantenphysik. Ohne sie wäre alles in unserem Kosmos statisch und unveränderlich. Er bringt ein kreatives Moment mit in die Naturgesetze, das nicht vorhersehbar und nicht berechenbar ist, wohl aber im Nachhinein eine ganz deutliche Wirkung zeigt.

Ein wahrhafter Kosmos, der uns da umgibt und seinem Namen alle Ehre macht – es ist eine geordnete Schönheit mit Gesetzen und Konstanten, die eine auf Entwicklung angelegte Wirklichkeit aufspannen. Albert Einstein sagte einmal: naturwissenschaftliche Formeln müssen einfach und schön sein. Das eine ist einem Grundprinzip der Naturwissenschaften geschuldet, Erklärungen so einfach wie möglich zu halten. Aber es ist sicher auch ein ästhetisches Empfinden des Forschers, das da aus seinen Worten spricht.

Wir können nicht nur über diese übergeordnete und kreative Ordnung, die in der Natur grundgelegt ist, staunen, sondern ihr auch dankbar sein: Sie ist die Bedingung der Möglichkeit unseres Lebens!

2. SPRECHEN SIE MATHEMATIK? – DIE SPRACHE DER NATURWISSENSCHAFT

Galileo Galilei hat schon im 17. Jahrhundert darauf hingewiesen, dass das Buch der Natur nur zu verstehen sei, wenn man ihre Sprache, die Mathematik, beherrsche. Mit dieser Feststellung hatte er eine Grundlage für die erfolgreiche Entwicklung der Naturwissenschaften in den folgenden Jahrhunderten gelegt. Die wichtigste Beschreibungsweise für Phänomene in der Natur ist bis heute die angewandte Mathematik geblieben. Ich [CG] persönlich verbinde damit eine Erfahrung, die mir ihre grundsätzliche Rolle wie unter einem Brennglas zeigte.

Mit achtzehn hatte ich für das Elektrotechnikstudium einen Taschencomputer bekommen. Als Erstes machte ich mich daran, ein Programm zu schreiben, das die Planetenstellungen zu jedem beliebigen Zeitpunkt ausrechnen konnte. Der Fachbegriff dafür heißt in der Astronomie Ephemeridenrechnung. Die Grundlagen stammen aus der Mathematik: Geometrie, Trigonometrie und etwas Algebra. Sie waren in einem speziellen Buch zusammengefasst, das sogar einen Abschnitt enthielt, in dem ein Computerprogramm wie ein Kochrezept beschrieben war. Ich musste es nur für meinen Rechner übersetzen. Innerhalb weniger Tage konnte ich das Programm starten. Doch es brachte ausschließlich falsche Ergebnisse!

Da mein Computer über wenig Speicherplatz verfügte – es waren nur zwei Kilobyte und damit etwa ein Milliardstel dessen, was heutige Computer leisten –, musste ich sehr verkürzt programmieren. Ich konnte alle Programmierfehler ausräumen, was aber am Ergebnis nichts änderte, es blieb falsch.

Als ich das »mathematische Kochrezept« aus dem astronomischen Buch überprüfte, fand ich eine fehlende Quadratwurzel in der Anleitung. Nachdem ich also die mathematischen Berechnungen in meinem Programm korrigiert hatte, zeigte mir mein Computer prompt die richtigen Ephemeriden der Planeten innerhalb weniger Sekunden an. Das war ein einzigartiger Moment für mich! Die Erfahrung, dass sich Himmelskörper tatsächlich an dem Ort am Himmel befinden, den mein kleiner Computer für eine gewünschte Zeit berechnet hat, war außerordentlich und ergreifend für mich: Ich kleiner Mensch konnte mit einem Rechner in der Hand bestimmen, wo der riesige Gasplanet Jupiter oder der rote Planet Mars am Himmel stand! Was wusste denn mein Rechner von Jupiter oder Mars? Aber nicht nur für Jupiter funktionierte mein Programm: Alle Planeten und Himmelskörper konnte ich berechnen, wenn ich die grundlegenden Daten für die Berechnung ihre Bahnen, wie sie schon Kepler bestimmt hatte, besaß.

Aber was kümmerte die Planeten die Ergebnisse meines Computers? Oder welche Macht führte sie auf die vorausberechnete Bahn? Welchen Zusammenhang gab es zwischen abstrakter Mathematik und daraus folgenden Berechnungen mit physischen Körpern im Weltall? Was ließ die Materie so um die Sonne kreisen, dass ich sie berechnen konnte? Das waren die Fragen, die mich beschäftigten. Bei einem Jesuiten las ich einmal den lakonischen Satz: »Gott muss ein Mathematiker sein oder zumindest Mathematik mögen.«

In mir war eine riesengroße Freude, dass ich richtige Ergebnisse berechnen konnte. Sie mischte sich mit einer faszinierten Verwunderung darüber, dass ich mittels eines einfachen Computerprogrammes verstand, wie sich die Planeten, die Asteroiden und die Kometen unseres Sonnensystems um die Sonne bewegten. Im Lauf meines Elektrotechnikstudiums konnte ich die mathematischen Hintergründe noch vertiefen. Mithilfe der sogenannten Fourieranalyse lassen sich die zeitlichen Veränderungen der Planetenpositionen in einen mathematischen Bildbereich von Schwingungen übertragen. Damit kann jedem Planeten auch eine Frequenz zugeordnet werden und der Umlauf des Planeten um die Sonne durch Transponierung hörbar gemacht werden. Es war so etwas wie »Sphärenmusik«, die da mein inneres Ohr vernahm – und das durch ein mathematisches Konzept! Tatsächlich gibt es Kompositionen, die versuchen, die rechnerischen Ergebnisse in Musik zu verwandeln. Sie klingen allerdings mehr nach modernem Jazz als nach der von Kepler gesuchten Harmonie des Weltalls.

Bei Albert Einstein fand ich später Zustimmung zu diesem sehr bemerkenswerten Zusammenhang von zunächst abstrakter Mathematik und Zahlenspielen mit der konkreten Natur. Er schrieb sinngemäß: Die unverständlichste Sache des Universums ist, dass es verständlich ist. Es ist die Verwunderung darüber, dass wir etwas von diesem Kosmos verstehen können, dass sich die uns umgebende Welt überhaupt von uns Menschen verstehen lässt. Unser Leib, unser Bewusstsein und unser Verstand sind Teil der biologischen und damit auch der chemischen und physischen Welt, die uns umgibt. Wie kommt es, dass sich diese Welt mit abstrakten und geistigen Konzepten und sogar mit Mathematik verstehen lässt?

Dass unsere Welt mit naturwissenschaftlichen Methoden erfasst und berechnet werden kann, ist aber auch die entscheidende Grundlage dafür, dass wir überhaupt mit ihr

»etwas anfangen« können. Aus unseren Sinneserfahrungen heraus können wir nicht nur innere Bilder ableiten, sondern allgemeine Begriffe bilden, über die wir uns verständigen. Die Begriffe bleiben jedoch nicht nur isoliert nebeneinander stehen, sondern können in Beziehung zueinander gesetzt werden. Das ist ein wesentlicher Teil, den die Mathematik als eine abstrakte Metasprache leistet. Die Verbindung von unseren geistigen Fähigkeiten und der Natur ist zunächst eine Annahme, eine Festsetzung, die sich im praktischen Leben immer wieder bewährt hat und auch zum Fortschritt und zum Erfolg der Naturwissenschaften wesentlich beigetragen hat. Die physische Welt lässt logische Abläufe erkennen und ist somit theoretischen Überlegungen zugänglich. Es gilt aber auch umgekehrt: Zunächst rein geistige Konzepte finden plötzlich ihre Anwendung in unserer praktisch-körperlichen Alltagswelt, ohne dass wir dafür einen Grund angeben können.

Für mich ist das einer der wesentlichen Hinweise darauf, dass unsere Welt nicht nur zufälligen physikalischen Gesetzen folgt, die sich der Entstehung aus einem rein materiellen Universum verdanken. Die Grundlagen unserer Welt müssen tiefer, also in einer Verbindung der geistigen und materiellen Bereiche liegen. Damit ist auch eine Forderung sowohl an den Glauben als auch an die Naturwissenschaft verbunden: sich nicht gegenseitig auszuschließen, sondern vielmehr die Ergebnisse für die Wahrnehmung und Deutung unserer Welt ernst zu nehmen. Der christliche Glaube sagt mir, dass die Welt eine Schöpfung Gottes ist, die er immer weiter in ihrem Dasein erhält und in der er durch seinen Geist anwesend ist. Die Naturwissenschaft erzählt mir davon, wie groß die Fülle in unserem Weltall, wie schwer verständlich sie für uns Menschen in vielen Details ist, gerade dann, wenn sie dem Leben nicht in der Weise entspricht, wie wir es uns persönlich wünschen. Welch zweifelhafte Irrwege scheint diese Evolution in der Biologie doch zu gehen!

Das größte aller naturwissenschaftlichen Rätsel wird der Mensch sich selbst bleiben. Wie könnte er mit seinem begrenzten Horizont sich ganz und gar verstehen? Es braucht die größere Einheit, um die kleinere zu verstehen. Die steht uns aber nicht zur Verfügung. Und unversehens ist man mit naturwissenschaftlichen Fragen im Bereich der Philosophie und Theologie, die auf diesem Feld ihre Antworten suchen, welche nicht einseitig verkürzt ausfallen dürfen.

Für mich ist die biblische Erzählung von einem Gott, der da ist und da sein lässt, der mit uns Menschen geht, ja sogar mit uns die Prozesse der Menschwerdung erleidet und auf seine Weise unerwartet neues Leben schaffend darüber hinausführt, die beste aller Antworten auf all diese Fragen. Wichtig ist mir aber ebenfalls, dass dies kein in sich abgeschlossenes System ist, sondern dass es offen bleibt für all das Neue, das Gott selbst schafft. Welche Offenbarung sich auch immer in der Zukunft aus den Naturwissenschaften über die Schöpfung ergeben werden, auch sie erzählen mir von der unerschöpflichen Kreativität Gottes.

3. IM ANFANG WAR DAS WORT – UND EIN BIG BANG

Einer der gefragtesten Bereiche der Physik ist derzeit die Kosmologie, die man genauer als Kosmogonie bezeichnen müsste, da sie versucht, das Werden unseres Kosmos zu beschreiben. Damit werden Grundfragen der Menschheit berührt: Woher kommen wir? Was ist der Ursprung von uns Menschen? Die Kosmologie ist allerdings nur ein Teil dessen, was als physikalische Evolution bezeichnet werden kann.

Bei allen verschiedenen Modellen zur Entstehung unserer Welt gilt heute das sogenannte Standardmodell oder Urknallmodell als das meist akzeptierte. Trotz einiger gewichtiger Lücken und Fragezeichen hat es sich bei allen Überprüfungen durch Beobachtungen immer wieder bestätigt. Und: Es gibt zurzeit kein Modell, das die Beobachtungen der Astronomen im heutigen Kosmos besser erklären könnte.

Nach diesem Modell zum Beginn und zur Entstehung unserer Welt liegt der »Anfang« des Universums in der Expansion eines unvorstellbar kleinen Punktes. Durch die Gesetze der Schwerkraft kann dieser Punkt nicht kleiner als 10^{-43} m gewesen sein. Es ist die sogenannte Planklänge. Denn wäre dieser Punkt kleiner, würde die Energiedichte des Vakuums sofort dazu führen, dass es kollabiert - und damit würde genau nichts entstehen. Im anfänglichen Punktkosmos war schon alle Energie und Materie des heutigen Kosmos vereinigt, eine nicht vorstellbare Energiedichte. So muss die Temperatur höher als 10^{30} Grad bei unvorstellbar hohem Druck gewesen sein.

Alle Kräfte waren vereinigt in einer großen Urkraft oder in einem Ur-Atom, wie es der belgische Jesuit Lemaître nannte, der die Theorie mit entwickelte. Aus dieser Vorstellung heraus hat sie die abwertend gemeinte Bezeichnung »Urknalltheorie« bekommen, wobei völlig klar ist, dass zu Beginn nichts »knallen« konnte. Der Anfangszustand entzieht sich der physikalischen Beschreibung. In jedem Fall expandierte dieser Uranfang des Kosmos. Alles, was wir uns über den Beginn ausmalen, kann nicht abbilden, wie dies vonstatten ging. Es übersteigt im wahrsten Sinn unsere Vorstellungskraft, denn »außerhalb« gibt es keine Raum-Zeit, keine Materie, zumindest nichts davon in unserem heutigen Sinn.

Relative Klarheit und Einigkeit herrscht bei den Forschern über die Phase der sogenannten Inflation. Sie muss sofort nach dem Urknall eingesetzt haben, also bei 10^{-34} Sekunden, als die Temperatur unter 10^{28} Grad gefallen war. Das heißt, das beginnende Universum dehnte sich innerhalb von 10^{-33} Sekunden auf das 10^{50}-fache auf die Größe von etwa zehn Zentimetern aus. Der Zustand des Universums veränderte sich völlig. Es kam dabei zu einer Brechung der Symmetrien, das heißt, dass die eine Urkraft sich in die vier Grundkräfte der Natur aufspaltete: Gravitation, Elektromagnetismus sowie die schwache und starke Kernkraft.

In dem noch immer sehr heißen Universum entstanden aus dieser Energie die ersten Bausteine unserer heutigen Materie – allerdings auch das, was wir heute Antimaterie nennen. Eigentlich hätte alle Materie und Antimaterie wieder zerstrahlen müssen. Aber es lösten sich nicht alle entstandenen Teilchen in Energie auf, sondern bei einer Milliarde Zusammenstößen eines Materie- mit einem Antimaterieteilchen blieb glücklicherweise ein Baustein unserer Materie übrig. Es ist noch unklar, wie dieser wunderbare Überhang entstand, aber er erklärt das Dasein unserer heutigen materiellen Welt, wie wir sie kennen.

Danach setzte die Bildung der Bausteine der Atomkerne ein: Aus jeweils drei verschiedenen sogenannten Quarks (»Geisterteilchen«) entstanden Protonen und Neutronen. Sie verschmolzen innerhalb kürzester Zeit in einer Phase der Kernfusion zu der noch heute zu messenden Verteilung der Atomsorten in unverändert gebliebenen Gaswolken des Kosmos: 75 Prozent Wasserstoff, 25 Prozent Helium und Spuren von Lithium. Die Expansion setzte sich weiter fort und die Temperatur fiel unter eine Million Grad. Damit hörte die Kernfusion des Anfangs auf, etwa drei Minuten nach dem Beginn der Expansionsbewegung.

Die Ausdehnung des Universums nahm weiter ihren Lauf und nach etwa 300 000 bis 400 000 Jahren war die Temperatur so weit gefallen (auf etwa 5 000 Grad), dass sich Elektronen und Atomkerne zu »richtigen« Atomen verbanden. War zuvor das Elektron-Atomkern-Plasma undurchsichtig, wurde der Kosmos plötzlich durchsichtig. Die bei der Bildung der Materie milliardenfach häufiger entstandenen Photonen hatten nun freie Bahn. Dies ist auch das »Licht-Echo« von der Entstehung der Welt, das heute noch bei einer Strahlungstemperatur von 2,7 Kelvin über dem absoluten Nullpunkt von Radioteleskopen oder speziellen Satelliten nachgewiesen werden kann.

Eine Besonderheit weist das Standardmodell der Kosmologen auf. Im Kosmos entstand nicht nur die sichtbare Materie, sie macht noch nicht einmal fünf Prozent des gesamten Weltalls aus. Ein Drittel der entstandenen Materie muss von einer Art sein, wie wir sie noch nicht kennen. Sie wird deshalb »dunkle« Materie genannt. Gesehen hat sie noch kein Physiker. Es gibt aber immerhin in Theorien Elementarteilchen, aus der sie bestehen könnte. Sie werden WIMPs (»Feiglinge«) genannt, oder in der Langform: »Weakly Interacting Massive Particles«, das heißt übersetzt: selten interagierende massive Teilchen. Der weitaus beherrschendere Teil im Kosmos ist »dunkle Energie«. Zwei Drittel aller Energie muss als solche vorliegen. Sie wird in der Expansion des gesamten Weltalls messbar.

Woher weiß man um die Richtigkeit dieser Theorie? Der stärkste Hinweis kommt aus den gemessenen Fluktuationen im noch heute beobachtbaren Mikrowellenhintergrund des Universums und die Anfangsverteilung der entstandenen Materieverteilung von Wasserstoff, Helium und Lithium. Zunächst hat man diese in Theorien über einen möglichen Anfang unseres Kosmos abgeleitet. Später wurden dann, zum Teil zufällig wie bei der Hintergrundstrahlung des Kosmos, diese Theorien durch praktische Messungen der Astronomen bestätigt. Manche der Theorien über den Anfang konnten auch durch die Beobachtungen wiederlegt werden, sodass das sogenannte Standardmodell immer weiter verfeinert wurde.

Zum anderen können die Anfangszustände bis etwa 10^{-30} Sekunden nach Beginn des Urknalls in den Laboratorien der Physiker, zum Beispiel im Teilchenbeschleuniger des CERN (die europäische Organisation für Kernforschung) in Genf nachgestellt werden und stützen die Theorie durch konkrete Messungen und Versuchsergebnisse. Die Naturwissenschaftler kommen also experimentell schon recht nahe an die Zustände am Anfang der Welt heran, wenn sie auch aus physikalischen Gründen vom eigentlichen Anbeginn weit entfernt bleiben müssen. Wir können den Urknall im Labor nicht einfach nachstellen und im Experiment nachvollziehen.

Uns ist nur ein Universum zugänglich und das entzieht sich streng genommen der naturwissenschaftlichen Methode, die Wiederholbarkeit und Generalisierung einfordert. Die Welt, in der wir leben, ist einzigartig! Sie hat eine faszinierende Entstehungsgeschichte, die man sich nicht besser hätte ausdenken können. Eine der schönsten Geschichten unserer Welt!

4. LICHT UND SCHATTEN – VON DER DOPPELNATUR DES LICHTS

Licht ist eines der wichtigsten und faszinierendsten Botschafter unseres Kosmos, weil es uns einen besonderen Zugang zu unserer Welt verschafft: Mit seiner Hilfe können wir weit entfernte Dinge lokalisieren und deren Eigenschaften erkunden. Mittlerweile gelingt uns mit großen Teleskopen ein Blick zurück bis zu den Anfängen der Welt vor über 13 Milliarden Jahren.

Licht ist eine besondere Form von Energie, die dem Bereich der elektromagnetischen Strahlung entstammt. Was wir üblicherweise als Licht bezeichnen, ist nur ein winziger Teil dessen, was es im Bereich der elektromagnetischen Wellen gibt. Dabei sind wir bei einer weiteren besonderen Eigenschaft des Lichtes: Es kann nicht nur stärker und schwächer werden, sondern es tritt meist farbig auf - ganz zu unserem Entzücken.

Lange Zeit gab es einen Streit unter den Forschern, ob Licht nun eine Erscheinung von Teilchen oder von Wellen sei. Am Beginn der Neuzeit sind es Isaac Newton, der für Teilchen als Grundlage des Lichtes eintritt, und Christiaan Huygens, ein Zeitgenosse Newtons, der von der Wellennatur des Lichtes ausgeht, die diesen Streit verkörpern.

Für beide Standpunkte gibt es handfeste Gründe: Schatten sind eng begrenzt und zeigen scharfe Kanten, dies spricht für Lichtteilchen. Die Ablenkung des Lichtes, seine sogenannte Brechung, entsteht beim Übergang seines Weges von verschiedenen durchsichtigen Stoffen, wie zum Beispiel von Luft in Glas und umgekehrt oder von Luft und Wasser. Beim Brechen des Lichtes mithilfe eines Prismas wird es in verschiedene Farben zerlegt. Dabei wird Rot weniger gebrochen als Violett. Es scheint so, als ob es rote, orange, gelbe, grüne, blaue und violette Lichtteilchen gibt, die zusammen gesehen einen rein weißen Eindruck beim Beobachter hinterlassen. Wenn sie aber geteilt werden, zum Beispiel durch ein Glasprisma, das an seiner Oberfläche verschieden auf die Teilchen einwirkt, können sie einzeln beobachtet werden. Das spricht dafür, dass sie sich bei ihrer Ausbreitung als Mischung jeweils mit gleicher Geschwindigkeit bewegen, sonst könnten wir kein weißes Licht wahrnehmen oder wir würden Farben nacheinander sehen. Newton konnte umgekehrt aus farbigem Licht mithilfe eines Prismas wieder weißes Licht werden lassen. Allerdings liegt hierin schon ein großes Problem: Für jede Farbe müsste es eine eigene Klasse von Lichtteilchen geben - das wären sehr viele verschiedene Sorten von Lichtteilchen!

Huygens dagegen nahm an, dass das Licht sich als Welle verbreitet. Diese Wellen gehen ungehindert durch das Vakuum, und wenn sie auf ein anderes Medium treffen - nehmen wir zum Beispiel Glas -, kommt es beim Übergang zu einer Brechung der Lichtwellen, da die Ausbreitungsgeschwindigkeit im Glas eine andere ist als im Vakuum. Dabei fächert sich das Licht in seine Farben auf, die Huygens durch verschiedene Wellenlängen des Lichtes erklärte. Er vertrat deshalb die Meinung, dass das Spektrum des sichtbaren Lichtes nicht aus unterschiedlichen Teilchen besteht, sondern verschiedenen Längen von Lichtwellen zuzuordnen ist.

Anfang des 19. Jahrhunderts führte Thomas Young ein seltsames Experiment mit Licht durch: Er sandte es zunächst gebündelt durch eine Öffnung. Hinter dieser ersten »Hürde« stand eine weitere, dieses Mal jedoch mit zwei Öffnungen, die sich nach Belieben öffnen oder schließen ließen. Wenn er beide Spalte öffnete, entstand auf dem Beobachtungsschirm, der dahinterstand, ein charakteristisches Streifenmuster. Die Überlagerung der Lichtwellen zeigte in der Mitte die hellsten Streifen, die nach außen hin immer schwächer wurden. Diesen Effekt von Beugungserscheinungen kannte man schon von der Überlagerung von Wasser- oder Schallwellen an einem Doppelspalt. Blieb nur einer der Spalte offen, zeigte sich einfach nur ein gleichmäßiger Lichtschein ohne Streifen. Beide Erscheinungen konnten nur mit dem Wellencharakter des Lichtes erklärt werden. Denn damit bekam man ein Muster, wie es sich bei der Überlagerung von Wellen zeigte, wie zum Beispiel bei Wasser- oder Schallwellen. Es war aber ein überaus seltsames Ergebnis der Versuche mit Licht an einem Spalt beziehungsweise Doppelspalt und blieb den Physikern lange unverständlich.

Beugungserscheinungen an kleinsten Objekten oder ebenso die Beugungsringe beim Durchgang des Lichtes durch eine feine Öffnung zeigten den Naturwissenschaftlern das Licht also als Welle. Allerdings gab es in Bezug auf die Wellentheorie ein großes Problem: Sie postulierte einen »Äther«, in dem sich das Licht bewegen sollte. Wasserwellen brauchen Wasser und Schallwellen die Luft als Medium. Die Beschaffenheit des Äthers musste allerdings offenbleiben, und man konnte ihn auch nirgends nachweisen. Mit der Zeit gab es immer mehr Gründe, die gegen einen solchen Äther sprachen und es ließ sich daran nur mit unlösbaren Widersprüchen festhalten. Ein Grund ist die sogenannte Polarisation des Lichtes. Das meint die Eigenschaft, dass Lichtwellen längs oder quer zu ihrer Ausbreitungsrichtung schwingen. Würde ein Äther vorliegen, müsste dieser eine Struktur haben, die am besten mit gallertartig zu beschreiben wäre. Dann stellt sich aber die Frage, weshalb diese nur auf Lichtwellen und nicht auch auf andere Körper wirkt. Das heißt, er müsste irgendwie spürbar, messbar sein. Auch hätte die Ausbreitung des Lichtes von der Richtung in einem bewegten Raum abhängig sein müssen. Albert A. Michelson und Edward E. Morley konnten das mit ihren Messungen der Lichtgeschwindigkeit ausschließen: Einmal maßen sie die Geschwindigkeit in West-Ost-Richtung, also mit der Erddrehung, dann in entgegengesetzter Richtung in Ost-West-Richtung mit der Drehung der Erde. Beide Male ergaben sich identische Geschwindigkeiten. Einen Äther gab es also nicht! Die nächste erstaunliche Sache im Bereich des Lichtes.

Noch ein weiterer Umstand lässt die reine Wellentheorie unvollständig erscheinen: der sogenannte Photoeffekt. Wenn eine Metallplatte mit Licht bestrahlt wird, gibt sie Elektronen ab. Das heißt, die Energie des Lichtes wird in elektrische Energie umgewandelt, indem die Lichtstrahlen Elektronen freisetzen, die aus den Metallatomen herausgeschlagen werden. Hat das Licht eine bestimmte Farbe, so haben auch die Elektronen, die erzeugt werden, eine bestimmte Energie. Verstärkt man die Lichtintensität, so verstärkt man damit keineswegs die Energie der Elektronen, wie das die Wellentheorie nahelegen würde, sondern nur deren Anzahl. Erst wenn kurzwelligeres Licht auf die Metallplatten fällt, haben auch die Elektronen eine höhere Energie und umgekehrt bei langwelligerem Licht weniger Energie. Der Effekt lässt sich nur dadurch erklärt, dass Licht ebenso wie die elektrische Energie eine »körnige« Struktur hat, da sie nur in bestimmten Portionen übertragen werden kann. So wie es »Elektronen« als Träger für den Strom gibt, so musste es auch »Photonen« als Träger des Lichtes und seiner Eigenschaften geben. Und zwar in dem Sinn, dass das Licht umso energiereicher ist, je »schwerer« die Photonen sind. Hier kommt eine neue Theorie über das Licht ins Spiel: die Quantentheorie, die es ermöglicht, die widersprüchlichen Eigenschaften des Lichtes zusammenzuführen.

Licht ist in der Quantenphysik beides: Welle und Teilchen! Es besteht aus Teilchen als Träger von Energie, die sie an Materie abgeben können, wenn sie auf einen Körper treffen. Licht ist ebenso eine Welle, die sich an engen Öffnungen beugt und charakteristische Muster erzeugt. Sie kann mithilfe eines Prismas oder Spektrometers in ihr Spektrum zerlegt werden, und die feststellbaren Wellenlängen und Intensitäten geben Auskunft über ihren Energiegehalt. Je nach physikalischem Blickwinkel, aus dem heraus Licht betrachtet und untersucht wird, ist Licht einmal Welle und dann wieder Teilchen. Und das Licht scheint in einer seltsamen Weise zu wissen, was man gerade von ihm messen oder haben will.

Licht kann sich uns als Photon, als Lichtteilchen, zeigen und sich wie eine Welle verhalten. Es ist eine Naturerscheinung, die in zwei verschiedenen Weisen sichtbar wird, je nach Messeinrichtung. Die Doppelnatur des Lichtes ist nicht aufzulösen mit einer Entweder-Oder-Erklärung. Ein Physiker würde vielleicht sagen: Licht ist weder Teilchen noch Welle. Die Wellen-Funktion des Lichtes bestimmt, ob uns das Licht als Welle oder als Teilchen erscheint.

Naturwissenschaft zeigt uns, wie wunderbar unsere Erde ist, und vertieft das Geheimnis, das unser Leben begründet, das nur mit einer Widersprüche verbindenden Wahrheit zu verstehen ist. Dabei löst die Naturwissenschaft nicht das Geheimnisvolle des Lichtes auf, sondern gibt den Blick auf tiefere Schichten einer wunderbaren Wirklichkeit frei.

5. WUNDERBARE QUANTENWELT

Mit der Doppelnatur des Lichtes haben wir eine Bühne betreten, die sich in der kleinsten Dimension unserer Welt abspielt. Eine der wichtigsten Forschungsergebnisse der Physik Anfang des 20. Jahrhunderts war dies Feststellung der Größenverhältnisse der Teilchen, aus der unsere Welt aufgebaut ist. Alle Gegenstände sind aus Atomen aufgebaut, die sich meist in Molekülen zusammenfinden. Der Durchmesser der Atome ist unvorstellbar klein: Es ist weniger als der millionste Teil eines Millimeters! Damit ist auch klar, dass in den kleinsten Dingen schon eine überaus große Zahl von Atomen stecken muss. Bei einem Würfel Luft mit einem Millimeter Kantenlänge sind es schon Billiarden. Es gibt etwa einhundert verschiedene Atomsorten. Jedes Atom hat einen positiv geladenen Atomkern und ist von einer negativ geladenen Elektronenwolke umgeben. Sichtbares Licht hat eine Wellenlänge, die 500 Mal größer als der Durchmesser von Atomen ist. Das erklärt, weshalb man mit einem Lichtmikroskop keine Atome sehen kann. Es ist zu »grob« von der Auflösung her, um die noch kleineren Atome sichtbar zu machen. Dies ist also die »Bühne«, auf der sich die wunderbare Welt der Quanten präsentiert.

Bleiben wir zunächst bei Lichtteilchen oder Lichtwellen und ihrem Verhalten. Schon die im vorhergehenden Kapitel besprochene Doppelnatur des Lichtes ist keine einfache Sache und widerspricht unserer Alltagserfahrung mit Lichtstrahlen, wie wir sie umgangssprachlich auch bezeichnen. Die beiden Seiten dieser Doppelnatur – Licht als Welle und als

Teilchen – war lange Zeit für viele Physiker nicht akzeptabel. Aber es sollte nur das erste einer Reihe von besonderen Phänomenen in der Reihe von seltsamen Erscheinungen in der Welt der kleinsten Dinge sein. Die Bezeichnung »Quanten« stammt aus der Erkenntnis, dass alle Vorgänge in der Nanowelt der Atome und der Lichtstrahlen nur in bestimmten »Portionen«, einem Quantum, übertragbar ist. Ein kontinuierliches »Dazwischen« gibt es nicht, die Natur macht genau definierte Sprünge, daher auch der Ausdruck »Quantensprung«. Eine Nebenbemerkung hierzu: Entgegen unseres alltäglichen Gebrauches des Wortes »Quantensprung« für große Veränderungen und Fortschritte ist er in seinem ursprünglichen Gebiet der Quantenphysik Ausdruck der kleinstmöglichen Veränderung in der Wirklichkeit – auch ein Zeichen dafür, dass die Welt der Quanten noch völlig unverstanden ist.

Tiefe Einblicke in die Quantenwelt waren die theoretischen Forschungen von Werner Heisenberg, der als Erster eine elegante mathematische Beschreibung der Welt in ihren kleinsten Teilen fand. Er konnte zeigen, dass es keine beliebige Genauigkeit der gleichzeitigen Messung von Ort und Impuls eines Quantenobjektes geben kann. Impuls kann man am besten als Schwung bezeichnen, den ein Körper hat. Er wird bestimmt von der Masse und der Geschwindigkeit und in der Physik als das Produkt von Masse mal Geschwindigkeit berechnet. Heisenberg zeigte aus dem Welle-Teilchen-Dualismus, dass man, je genauer man den Ort eines Teilchens kennt, den Impuls desto ungenauer definieren kann und umgekehrt. Es muss immer eine gewisse Unschärfe beider Größen, also von Ort und Impuls, bleiben. Das war eine verstörende Erkenntnis für ein bis dahin rein mechanistisches Verständnis von Physik, durch das alles beliebig genau mess- und berechenbar war. Die Quantenmechanik zeigte als Naturgesetz: Die Welt ist in ihren kleinsten Teilen prinzipiell nicht genau bestimmbar. Man nennt dies auch die Heisenbergsche Unschärfe- oder besser Unbestimmtheitsrelation.

Eine letzte seltsame und sehr gewichtige Erscheinung aus der Quantenwelt sei hier noch angefügt: der Tunneleffekt. Das meint die Eigenschaft von Quantenobjekten, Barrieren überwinden zu können, die eigentlich unüberwindbar sind. Es können zum Beispiel energetische Niveaus notwendig sein, die nicht erreicht werden können, oder auch örtliche Begrenzungen, die einfach zu klein sind, damit ein Elementarteilchen hindurchkommen kann. Aber trotz aller offensichtlich vorhandenen Schranken schaffen es die subatomaren Teilchen trotzdem – dank des Tunneleffektes! Es hat etwas mit der Heisenbergschen Unschärferelation zu tun: Ist die Zeit sehr kurz, also der Ort unbestimmt, kann der Impuls eines Teilchens so groß werden, dass es Barrieren überwindet, die ihm zuvor zu überwinden rein rechnerisch unmöglich war. Diese grundlegende Eigenschaft ist wichtig, zum Beispiel bei Halbleitern, ohne die kein Computer funktionieren würde. Aber auch die Gewinnung von Energie bei der Kernverschmelzung in jedem Stern funktioniert nur aufgrund des Tunneleffektes.

»Quantensprünge«, »Unbestimmtheit« und »Tunneleffekt« auf den kleinsten Skalen bestimmen die Eigenschaften unserer Wirklichkeit auch im Großen auf wundersame und für unseren Alltagsverstand zugleich verstörende Weise.

6. WOMIT DAS VAKUUM GEFÜLLT IST

In der Bibel steht im zweiten Buch der Makkabäer der erstaunliche Satz einer Mutter: »Ich bitte dich, mein Kind, schau dir den Himmel und die Erde an; sieh alles, was es da gibt, und erkenne: Gott hat das aus dem Nichts erschaffen, und so entstehen auch die Menschen.« Deutlich wird in dieser Aussage der griechische Einfluss auf den jüdischen Glauben im 2. Jahrhundert vor Christus, in dem auch die Geschichte der Makkabäer spielt. Aber gibt es das »Nichts« eigentlich? Oder anders gefragt: Was ist eigentlich dort, wo nichts ist, was ist in einem leeren Raum, im Vakuum?

Ausgehend von der griechischen Philosophie des Aristoteles gibt es den Begriff des horror vacui. Damit meinte man die Abneigung der Natur gegen alles Leere. Demnach musste alles von einem Medium erfüllt sein. Ein völlig leerer Raum, wie ihn Demokrit annahm, in dem sich seine unteilbaren Teile (Atome) bewegen konnten, wurde von Platon und Aristoteles abgelehnt. Vielmehr gingen sie von einem Äther aus, der das All erfüllte und in dem sich auch die himmlischen Objekte wie Sonne, Mond und Planeten auf vollkommenen Kreisbahnen bewegten. Mit dieser grundlegenden Annahme und Setzung in der Philosophie wurde über lange Zeit nicht weiter über das Vakuum nachgedacht. Zudem war es praktisch auch nicht relevant für die Menschen auf der Erde, da die Möglichkeiten zur Herstellung eines Vakuums nicht gegeben waren.

Erst Mitte des 16. Jahrhunderts gelang es zunächst Evangelista Torricelli mit einem Glasrohr, in dem sich Quecksilber befand, ein Vakuum herzustellen. Dazu tauchte er das gefüllte Gefäß in eine Schale, in dem sich auch das bei Raumtemperatur flüssige Metall befand. Die sichtbare Säule des Quecksilbers fiel auf einen bestimmten Betrag nach unten. Oben im Glasrohr blieb ein leerer Raum. Im Grunde ist das ein Quecksilberbarometer, wie man es auch heute noch kaufen kann, bei dem die Höhe der Quecksilbersäule den aktuellen Luftdruck anzeigt. Blaise Pascal entwickelte dieses Instrument weiter zum Luftdruckmessgerät. Er experimentierte mit der Anordnung Torricellis, weil er der Meinung war, dass Luft ein bestimmtes Gewicht haben müsse. So ließ er den Versuchsaufbau von seinem Schwager auf einen Berg bringen und konnte dabei beobachten, dass die Höhe der Quecksilbersäule im Glasrohr offenbar mit dem Luftdruck schwankte. Je höher die Anordnung getragen wurde, desto niedriger sank die Säule im Glasrohr, und je näher sie wieder zurück an die Seehöhe gebracht wurde, desto höher stieg sie. Über der Quecksilbersäule blieb im Gefäß allerdings immer ein Vakuum zurück. Noch heute heißt die Einheit für den Luftdruck nach ihm »Pascal«, und damit man sich von der zuvor üblichen Tausendereinheit in Millibar nicht trennen musste, wurde die seltsame Einheit »Hekto-Pascal« eingeführt.

Aber zurück zum Vakuum und der Leere oder besser der Wirkung der Leere. Otto von Guericke machte Mitte des 17. Jahrhunderts verschiedene Experimente mit zwei aneinandergefügten Halbkugeln, aus deren Innerem mithilfe einer Pumpe die Luft gezogen wurde. Die Halbkugeln, die durch den Luftdruck aneinandergepresst wurden, konnten je acht Pferdegespanne auf jeder Seite (also 32 Pferde) nicht mehr voneinander trennen. Die 32 Pferde waren eine

PR-Masche, denn es hätte auch ein Baum oder ein anderes befestigtes Widerlager gereicht, um mit einer Kraft von tatsächlich nur 16 Pferden an den Kugeln zu ziehen. Letzten Endes zeigte es aber, mit welchem Gewicht Luft auf das Vakuum in der Kugel drücken musste. Immerhin halten die Kugeln Guerickes nach modernen Berechnungen 1,4 Tonnen an Gewicht aus!

Das Vakuum wurde überall dort interessant, wo man eine Verbrennung unterbinden wollte - zum Beispiel in einer Glühlampe, in der ein Glühfaden in einem von der Luft evakuierten Glaskolben befestigt ist. Hilfreich erwies es sich auch überall dort, wo man Flüssigkeiten abpumpen oder Gegenstände oder Substanzen von etwas auflesen musste - so zum Beispiel bei unserem heute noch immer gebräuchlichen Staubsauger, der schon Mitte des 19. Jahrhunderts erfunden wurde.

Richtig interessant wurde es mit dem Vakuum aber erst wieder, als man darüber nachdachte, ob nicht doch ein Äther, ein ganz besonders durchsichtiger, leichter Stoff existierte, in dem das Licht sich ausbreitete. Er sollte das ganze Weltall erfüllen und überall präsent sein. Ein solches Medium konnte allerdings nicht nachgewiesen werden. Daraus folgt, dass sich elektromagnetische Wellen, aus denen auch das sichtbare Licht besteht, in einem völlig leeren Raum ausbreiten können - und das, ohne weitere Hilfe zu benötigen.

Was war aber dann im Weltraum, in den ganz großen Räumen zwischen den Sternen und Galaxien? Oder was befand sich in den kleinsten Räumen zwischen den Atomen, die man Anfang des 20. Jahrhunderts zu vermessen begann? War dort »nichts«? Man fand heraus, dass sich überall irgendetwas befinden musste, wenn auch sehr wenig. In den interstellaren

Räumen geht man von einigen hundert Teilchen in einem Kubikzentimeter aus. Zwischen den großen Galaxienhaufen, den »großen Löchern« im Weltall, mögen es noch wesentlich weniger sein. Und damit sind wir wirklich beim »reinsten« Vakuum im ganzen Kosmos angelangt. Zum Vergleich: Selbst im reinsten Hochvakuum auf der Erde geht man noch von hunderttausenden von Teilchen in einem Kubikzentimeter aus. So »dicht« sind etwa auch die Gas- und Staubwolken in der Milchstraße, die Astronomen beobachten können.

Als aber die Physiker das Problem des reinen Vakuums mithilfe der Quantenphysik angingen, machten sie eine erstaunliche Entdeckung: Aufgrund der Heisenbergschen Unbestimmtheitsrelation können immer wieder Teilchen aus dem Nichts entstehen und vergehen. Es ist so etwas wie eine ausgeliehene Energie, die sich die Natur eine Zeitlang borgen kann, um sie dann wieder umgehend zurückgeben zu müssen. Für ein sehr kleines Teilchen, das Elektron zum Beispiel, ist diese Zeit extrem kurz: 10^{-20} Sekunden, das ist eine Eins mit 20 Nullen nach dem Komma, bevor eine weitere Zahl folgt. Selbst das Nichts ist mit einer Art Energie und damit gleich mit kleinen Teilchen gefüllt, die ständig im Werden und Vergehen sind. Das Vakuum ist also nicht nichts!

Man hat diesen vor sich hin brodelnden »Teilchensee« im Nichts nicht nur theoretisch berechnen können, sondern mittlerweile auch praktisch nachgewiesen. Es handelt sich dabei um den sogenannten Casimir-Effekt, eine Kraft, die auf zwei eng beieinanderliegende Metallplatten in einem Hoch-Vakuum wirkt. Diesen Effekt konnten Physiker experimentell tatsächlich messen, noch dazu in der vorhergesagten Größe, die vorher aus theoretischen Überlegungen berechnet wurde.

Auch hier im Bereich des größtmöglichen Vakuums, das wir Menschen auf der Erde erzeugen können, führt uns die Physik an den Rand dessen, was wir mit unserer Alltagserfahrung erfassen können. Sie zeigt uns durch die Geheimnisse der Natur einen Weg, der uns in noch tieferliegende Geheimnisse zurückführen kann, wie es Carl Friedrich von Weizsäcker einmal ausdrückte. Das Vakuum jedenfalls ist mit Energie gefüllt, und in jedem Augenblick werden und vergehen daraus Teilchen, die unsere Wirklichkeit beeinflussen können. Das Vakuum ist nicht leer, sondern ein kreativer Raum, der ständig Neues hervorbringt.

7. ALLES IST RELATIV! – RAUM UND ZEIT

Es gibt Dinge, auf die man sich verlassen können muss, beispielsweise, wenn man Hunger hat, wie weit es bis zum nächsten Bäcker ist. Oder: Welche Öffnungszeiten der Bäcker hat, damit man ein frisches Brot kaufen kann und nicht vor verschlossener Tür steht. Dazu bedienen wir uns in der Alltagswelt fester Bezugsgrößen. Entweder haben wir ein verlässliches Metermaß, das uns sagt, wie weit wir gehen beziehungsweise fahren müssen, oder wir nutzen ein Navigationsgerät, das uns anzeigt, wie groß die noch zu überwindende Distanz ist. Die Bäckerei nutzt die gleiche öffentlich zugängliche Uhrzeit, sodass der Kauf unserer Grundnahrungsmittel auch wirklich gesichert ist und reibungslos funktionieren kann.

Bis Albert Einstein mit seinen Erkenntnissen die Bühne der Geschichte betrat, waren auch Raum und Zeit feste, ewige und damit gleichbleibende Größen, auf die die Physik bauen konnte. Diese Meinung herrschte ebenso in der Physik, und es war kein anderer als Isaac Newton, der dieses Konzept seiner Theorie von der Schwerkraft zugrunde legte. Es gab nur wenige Hinweise darauf, dass mit dieser Setzung am Beginn seiner Theorie etwas nicht stimmen konnte. Eine davon war die Beobachtung der Merkurbahn: Die Drehung des Winkels seines Perihels hatte einen winzigen Betrag zu viel. Entweder musste noch ein bislang unbekannter Planet vorhanden sein - oder etwas stimmte mit der Gravitationstheorie nicht, die sich aber sonst im Sonnensystem glänzend bewährt hatte. Da der Planet innerhalb der Merkurbahn nicht gefunden wurde, blieb den Physikern etwas Arbeit, um die wirkliche Natur von Raum und Zeit zu klären.

Albert Einstein ging Anfang des 20. Jahrhunderts von einer anderen grundlegenden Eigenschaft der Natur aus, als er die Zusammenhänge von Raum und Zeit besser klären wollte. Er wählte dabei als Ausgangspunkt die Geschwindigkeit des Lichtes im Vakuum: Sie sollte in Zukunft konstant und das Fundament sein, auf dem seine neue Theorie der Gravitation beruhte. Die Folgen waren im Alltag nicht spürbar, aber bei höheren Geschwindigkeiten oder in der Nähe massiver, schwerer Objekte ergaben sich daraus verstörende Resultate wie zum Beispiel: Die Zeit verstreicht nicht mit gleichlangen Sekunden, sondern jeder Beobachter hat seine eigene Zeit, mögen die Uhren auch noch so baugleich sein und funktionieren. Ähnlich verhält es sich mit der Länge eines Maßstabes, wenn er von unterschiedlichen Beobachtern betrachtet wird: Er hat nicht immer und überall die gleiche Länge, sondern es hängt davon ab, mit welcher Geschwindigkeit sich verschiedene Systeme bewegen.

Einstein beginnt mit der Feststellung, dass alle Beobachter immer die gleiche Lichtgeschwindigkeit messen. Sie hat das ungeheuer hohe Tempo von 299 792,5 Kilometer pro Sekunde im Vakuum. In Luft, Wasser oder auch anderen durchsichtigen Medien ergeben sich geringfügig andere Werte, wobei das Tempo immer etwas weniger hoch ist. Nichts im Kosmos kann sich also schneller bewegen als Licht im Vakuum. Diese Geschwindigkeit des Lichtes gilt auch dann, wenn sich Beobachter mit der halben Geschwindigkeit des Lichtes bewegen. Die Messung ist immer relativ zu ihrem Standort und ihrer Bewegung. Es ist die grundlegende Setzung der

Relativitätstheorie, die sich bislang in allen Versuchen der Physiker als richtig erwiesen hat. Was daraus folgt, ist in unserer Alltagswelt nicht immer nachvollziehbar, da wir uns deutlich langsamer bewegen als mit Lichtgeschwindigkeit.

Angenommen, zwei Raumfahrer bewegen sich jeweils mit etwas mehr als halber Lichtgeschwindigkeit durch den Weltraum. Wenn sie sich direkt aufeinander zu bewegen, könnte man meinen, sie würden mit mehr als der Lichtgeschwindigkeit aneinander vorbeifliegen. Das kann aber aus der grundlegenden Überlegung der Relativitätstheorie heraus nicht stimmen. Ein Nachrechnen der Gegebenheiten ergibt ein seltsames Phänomen: Wenn der eine Beobachter auf das Entfernungsmaß des anderen schaut, dann wird er es verkürzt wahrnehmen. Aber nicht nur das: Die Uhr des anderen Raumfahrers geht nach einer anderen, langsameren Zeit. Beide Auswirkungen führen nun dazu, dass sich die beiden Astronauten nicht mit Überlichtgeschwindigkeit treffen, sondern viel langsamer, deutlich unterhalb der Lichtgeschwindigkeit aneinander vorbeifliegen. Raum und Zeit werden dadurch gekrümmt und sind nicht zwei starre, immer gleiche Erscheinungen der Natur, sondern relativ zu ihren Beobachtern, ihrer Geschwindigkeit, den beteiligten Massen und auch den derzeitigen Beschleunigungen.

Das führt dazu, dass Zeit nicht mit gleichmäßiger Geschwindigkeit vergeht, sondern für jeden Beobachter in Bewegung in seinem eigenen Zeitmaß beobachtet wird. Auch der Raum ist bezogen auf den Zustand des Beobachters. Damit ist der Umfang eines Kreises nicht genau das Produkt aus der Zahl Pi und seinem Durchmesser, sondern leicht verschieden davon.

Man kann auch getrost annehmen, dass sich Körper aufgrund ihrer Masse anziehen, wie die Erde den Mond fest auf seiner Bahn hält und umgekehrt und der Mond mit seiner Anziehungskraft die Gezeiten erzeugt. Aber eine bessere Beschreibung der Wirklichkeit sieht nach der Relativitätstheorie so aus: Die vorhandene Materie, die Masse mit ihrem Gewicht ist es, die Raum und Zeit krümmt. Diese Krümmung bewegt sich in Raum und Zeit - wie sollte es anders sein - mit Lichtgeschwindigkeit fort. Die Sonne krümmt durch ihre große Masse den Raum in unserem Sonnensystem auf maßgebliche Weise und bestimmt durch diese Raumkrümmung die Bewegung der Erde in ihrem Umlauf um die Sonne. Worüber Johannes Kepler mit einer irgendwie gearteten magnetischen Kraft noch spekulieren musste, um die Ellipsengestalt der Planetensysteme zu erklären, zeigt Albert Einsteins Relativitätstheorie sehr elegant: Es ist die Krümmung des Raumes, die unsere Erde auf den Kurs einer sehr schwachen Ellipse um die Sonne bringt. Selbst das Licht folgt diesem Kurs, wenn es in die Nähe der Sonne kommt und auf seiner Reise durch den von ihr geformten Weltraum läuft.

Aber auch der unterschiedlichen Zeit ist man auf die Schliche gekommen. Zwei Journalisten kamen auf die Idee, zwei sehr genau gehende Atomuhren in Flugzeuge zu packen. Das eine flog Richtung Osten, das andere in Richtung Westen um die Erde. Die Uhren bewegten sich jeweils in entgegengesetzter Richtung, aber mit der Differenz der Erdrotation beaufschlagt. Das machte fast 2 000 Kilometer in der Stunde aus - nicht sehr viel, gemessen an der Lichtgeschwindigkeit, aber ausreichend für ein signifikantes Ergebnis. Als nach einer Erdumrundung die Atomuhren wieder an ihren Ausgangsort zurückkehrten, war die Uhr, die sich in Richtung Osten und damit schneller bewegt hatte, tatsächlich um den von der Relativitätstheorie vorhergesagten Betrag langsamer gegangen als die andere, die in Richtung Westen flog und sich langsamer bewegt hatte. Mit der sich ergebenden Zeitdifferenz war Einsteins Theorie bestätigt worden.

Ähnlich gut lässt sich mittlerweile mit genauen Atomuhren auch die Höhe in einem Gravitationsfeld messen. Vereinfacht gesagt: An der Spitze des Eiffelturms vergeht die Zeit etwas schneller als am Boden. Je näher ein Punkt der Erdoberfläche ist, desto stärker ist er auch der Wirkung der Masse unseres Heimatplaneten ausgesetzt. Und je stärker ein Schwerefeld ist, desto langsamer vergeht die Zeit.

Unsere Welt ist gerade bei großen Entfernungen und bei großen Massen wie zum Beispiel Galaxien von den davon verursachten Raumkrümmungen dominiert. Aber auch die Zeit verändert sich aufgrund der Geschwindigkeit eines Reisenden. Dafür gibt es eine immer wieder erwähnte und wichtige technische Anwendung: kein Navigationsgerät, das sich auf die genaue Ortsbestimmung von Satelliten im Weltall stützt, darf die Berücksichtigung der veränderten Zeit bei differierenden Geschwindigkeiten vernachlässigen. Sonst befindet sich der Benutzer sehr schnell im benachbarten Wald und nicht auf der Bundesstraße. So bringt unser Alltag die Relativitätstheorie Einsteins mit ihrer gekrümmten Raum-Zeit wieder mit unserer ganz gewöhnlichen Vorstellung von Raum und Zeit als gleichmäßigen Vorgaben in Einklang – ohne dass wir davon etwas bemerken würden.

Noch viele andere bemerkenswerte Folgerungen entspringen der Relativitätstheorie: das Konzept der Schwarzen Löcher, die die Raumzeit derart krümmen, dass noch nicht einmal das Licht ihnen entkommen kann. Aber auch die erst in den letzten Jahren gemessenen Gravitationswellen hat Einstein vorhergesagt. Es handelt sich dabei um kleinste Wellenbewegungen des Raumes, die die Physiker nur mit höchst empfindlichen Apparaturen messen können. Allerdings hatte er es für unmöglich gehalten, dass sie jemals gemessen werden könnten. Die Geschichte der zunächst theoretisch vorhergesagten Gravitationswellen durch Albert Einstein und ihre Bestätigung nach einhundert Jahren in der Praxis ist für sich genommen schon ein überaus erstaunliches Kapitel physikalischer Forschung - nicht mehr als richtig, dass Forschern dafür der Nobelpreis in Physik verliehen wurde.

8. ES WERDE LICHT! – WESHALB DIE NACHT DUNKEL IST

»Warum ist eigentlich der Himmel nachts so dunkel, wenn es doch so unendlich viele Sterne gibt?« – eine Kinderfrage, die wie so viele andere gar nicht so leicht zu beantworten ist!

Das Problem, das in der Astronomie auch »Olberssches Paradoxon« oder das »Paradoxon des Nachthimmels« genannt wird, liegt auf der Hand: Wenn das Universum (fast) unendlich groß ist, in ihm die Sterne gleichmäßig verteilt sind, die insgesamt ähnliche Eigenschaften und damit Helligkeiten haben und ohne Ende ihr Licht aussenden, dann müsste an jedem Punkt am Himmel ein Stern sichtbar sein. Die Folge wäre, dass die Nacht so hell erleuchtet ist wie am Tag von der Sonne. Aber der Nachthimmel ist nicht taghell, sondern relativ dunkel.

Die Frage entstand in der Folge von Nikolaus Kopernikus' Entdeckungen und Annahmen, vor allem der Vorstellung des heliozentrischen Weltbilds. Daraus folgten neue Möglichkeiten, wie der Kosmos aufgebaut sein könnte. Giordano Bruno ging von einem unendlichen Universum mit unendlich vielen Sternen aus. Zudem nahm er an, dass Sterne unveränderlich sind und ewig ihr Licht aussenden. Johannes Kepler befasste sich mit dieser Hypothese, befand aber, dass sie nicht stimmen könne. Für ihn war ein starkes Argument gegen die Vorstellung eines unendlichen Weltalls, dass alle Sterne zusammengenommen eine größere Fläche einnehmen müssten als die Sonne. Daher würden sie durch ihre schiere Zahl die Sonne an Leuchtkraft übertreffen und somit müsste die Nacht hell sein.

Ein weiterer Erklärungsversuch waren die Dunkelwolken, die die Astronomen im Weltall beobachten konnten. Gas und Staub in unserer eigenen Galaxie und im Universum behindern das Licht oder absorbieren es ganz, damit es nicht zu uns gelangen kann. Allerdings greift diese Erklärung nicht, denn die Wolken im interstellaren Medium müssten sich aufheizen und irgendwann so hell scheinen wie die Sterne, deren Licht sie absorbieren. Die Wolken können also nur zeitweise die Sterne verdunkeln und nicht auf Dauer ihr Licht von der Erde fernhalten.

Entscheidend für die Dunkelheit unserer Nacht ist aber eine falsche Grundannahme über den Kosmos, die seit Giordano Bruno immer wieder auftaucht und Verfechter findet: Das Weltall ist nicht unendlich, weder in der zeitlichen noch in der räumlichen Ausdehnung. Zwar sind dem Universum räumlich und zeitlich keine Grenzen gesetzt, aber es hatte einen Beginn. Damit ist der beobachtbare Zustand immer begrenzt und Sternenlicht kann uns nur aus einem begrenzten Bereich erreichen, da auch die Lichtgeschwindigkeit einen endlichen Wert besitzt. Es liegen also drei physikalische Grenzen vor, die das Licht der Sterne limitieren und nicht in eine unendliche Helligkeit anwachsen lassen.

Hinzu kommt eine weitere gewichtige physikalische Grenze: die Lebensdauer von Sternen. Die hellsten unter ihnen haben dabei, astronomisch betrachtet, eine sehr kurze Lebenserwartung von nur einigen Millionen Jahren, da sie mit ihrem Kernbrennstoff sehr verschwenderisch umgehen, verglichen mit den kleineren Sternen, die es auf Jahrmilliarden an Lebensdauer bringen. Somit gibt es nicht genügend helle Sterne, die gleichzeitig unseren Nachthimmel erleuchten könnten. Eine Berechnung besagt, dass es weniger als den zehnbillionstel Teil (!) der gleichzeitig leuchtenden Sterne im Universum gibt, die es eigentlich bräuchte, damit unser Nachthimmel tatsächlich taghell erleuchtet wäre. Der Weltraum ist einfach viel zu groß für die Menge an Sternen, die in ihm enthalten sind. Etwas lapidar könnte man formulieren: Der Himmel ist in der Nacht deshalb dunkel, weil es zu wenig Energie im Universum gibt, um ihn aufzuhellen.

Etwas Grundsätzliches der wissenschaftlichen Methode wird am »Paradox des dunklen Nachthimmels« deutlich: Es kommt entscheidend auf die Annahmen an, die einer Theorie zugrunde liegen. Beim nächtlichen Sternenhimmel ist die räumliche und zeitliche Begrenzung des Weltalls und die begrenzte Lebensdauer und Dichte der Sterne entscheidend anders als die Grundannahme über dieses Geschehen. Etwas augenzwinkernd formuliert: Mit falschen Annahmen kann man auch als Naturwissenschaftler sein blaues Wunder erleben!

Eine persönliche Bemerkung als Amateurastronom sei mir [CG] an dieser Stelle gestattet: Das Geschenk des dunklen Nachthimmels und damit der Sterne wird in den letzten Jahren von einer ganz irdischen Seite her bedroht. Es ist die sogenannte Lichtverschmutzung, für die der Mensch verantwortlich ist: Mittlerweile gibt es in Deutschland keinen Ort mehr, der einen natürlich dunklen Himmel hätte. Zu viel Licht von Straßenlaternen, angestrahlten Gebäuden, hell leuchtenden Werbeflächen, Autoscheinwerfern und vielen kleinen, meist privaten Lichtquellen lassen zusehends die Nacht zum Tag werden. Unglaublich, wie viel Energie wir Menschen Nacht für Nacht einfach in das Weltall strahlen! Diese Lichtverschmutzung lässt sich durch Satelliten in der Umlaufbahn der Erde erschreckend hell beobachten. Astronomen aller Nationen weisen seit Jahren darauf hin - leider nur mit mäßigem Erfolg. Ihnen bleibt oft nur übrig, in entlegene, unbewohnte Gegenden der Erde auszuweichen, um dort ungestört die Sterne beobachten zu können.

Immer wieder wird auf die negativen Folgen für unsere Umwelt durch die menschliche Nachtbeleuchtung hingewiesen. Der überwiegende Teil der Tiere ist nachtaktiv, ihre Lebensräume und Lebensrhythmen werden durch unsere künstlichen Lichtquellen beeinträchtigt oder gar zerstört. Vor allem Insekten werden von Lichtquellen mit hohen Blauanteilen angezogen, wie sie vor allem in LED-Leuchten zu finden sind. Singvögel beginnen in hellen Ballungsräumen deutlich früher mit ihrem Gesang als ihre Artgenossen auf dem Land. Der Mensch selbst wird durch die hellen Leuchtmittel in den Städten in seinem Tag- und Nachtrhythmus gestört. Dabei ist das natürliche Signal des Dunkelwerdens in der Natur entscheidend für einen erholsamen Schlaf.

Verantwortlich für die Lichtverschmutzung ist unüberlegt eingesetztes Licht. In Untersuchungen zeigte sich, dass sich die nächtliche Sicherheit nicht dadurch verbessern lässt, dass man Gebäude heller erleuchtet. Die harten Hell-Dunkel-Kontraste sind kontraproduktiv für eine bessere Sichtbarkeit in der Nacht, denn das menschliche Auge benötigt Minuten, um sich wieder auf dunklere Abschnitte einzustellen.

Durch sinnvoll eingesetzte Beleuchtung können die negativen Auswirkungen des künstlichen Lichts in der Nacht erheblich reduziert werden, ohne dass sich Sicherheits- oder Komfortaspekte verschlechtern müssen. Dabei würde der

Energiebedarf erheblich gesenkt, ebenso wie der Ausstoß klimaschädlicher Gase – von den Kosten ganz zu schweigen.

Künstliches Licht ist zielgerichtet und nur in einer bedarfsgerechten Weise einzusetzen. Es braucht meist weniger als mehr Licht und oft auch für kürzere Zeiten als angenommen. Effektive Hilfen sind dabei voll abgeschirmte Leuchten, die das Licht dorthin bringen, wo es erhellen soll. Eine Blendung durch künstliche Lichtquellen wird dadurch ganz nebenbei vermieden. Die Begrenzung der blauen Anteile im Licht würden der Natur und den Menschen helfen, besser mit künstlichem Licht in der Nacht umzugehen und dessen negative Einflüsse zu begrenzen. Die Beleuchtung von Naturobjekten wie Bäumen, Sträuchern, Gewässern oder einem offenen Gelände sollte unterbleiben.

All diese Vorschläge für eine bessere nächtliche Beleuchtung sind umsetzbar, ohne dass dabei die Sicherheit für Menschen und Gebäude herabgesetzt wird. Zudem würde deren Umsetzung Energie, Abgase und auch Geld sparen helfen. Als Astronom kann ich jedenfalls über die gedankenlose und schädigende Art, mit der Menschen Lichtquellen nutzen, nur staunen.

9. SELBST FÜR ASTRONOMEN KAUM MESSBAR – DIE FÜLLE DES KOSMOS

Das Weltall wird manchmal als unendlich bezeichnet. Diese Charakterisierung gibt zwar den physikalischen Befund nicht richtig wieder, aber es sagt etwas über das Ausmaß des Kosmos aus im Vergleich mit der Kleinheit von uns Menschen.

Nach dem derzeitigen Modell des Universums hat es ein Alter von nicht ganz vierzehn Milliarden Jahren und - aufgrund besonderer Prozesse bei seiner Entstehung - eine Ausdehnung von etwa 70 Milliarden Lichtjahren. Weder das Alter noch seine Ausdehnung sind unserer Alltagserfahrung in irgendeiner Weise zugänglich. Schon der weiteste Punkt, den wir mit bloßem Auge unter einem guten Landhimmel in einer sternenklaren Nacht beobachten können, liegt jenseits unserer Vorstellungskraft: Es ist die Andromedagalaxie, die wir in einer Entfernung von 2,7 Millionen Lichtjahren als nebeliges Fleckchen im Sternbild Andromeda sehen können. Die Astronomie lehrt uns, wie unvergleichlich groß die uns umgebende Welt der Sterne und Galaxien ist.

Wenn wir abseits des schwach leuchtenden Bandes unserer Milchstraße mithilfe eines Teleskops ins Weltall blicken, können wir fast bis ans Ende unserer bekannten Welt schauen. Mittels einer Kamera und längeren Belichtungszeiten fotografieren wir Objekte, deren Licht über zwölf Milliarden Jahre zu uns unterwegs war. Die Laufzeit des Lichtes ist eine Zeitmaschine, in der wir in eine längst vergangene Zeit zurückblicken. Was mit diesen frühen Galaxien des Universums heute ist, das weiß kein Wissenschaftler. Seither haben sich sowohl der Ort als auch das Objekt selbst völlig verändert und es kann über den heutigen Stand keine Aussage getroffen werden.

Aus dem Leuchten dieser ersten Galaxien können wir aber ungefähr abschätzen, wie viele Galaxien es im heutigen Universum geben muss: Es ist die unvorstellbar große Zahl von 300 Milliarden dieser riesigen Sternansammlungen. Dabei gibt es sie in allen beobachtbaren Größen, von ganz klein mit nur einigen hunderttausend bis hin zu mehreren Billionen Sternen. Unsere eigene Galaxie scheint dabei einen mittleren Platz einzunehmen: nicht sonderlich groß, aber auch nicht sonderlich klein, im Mittelfeld gelegen, was dem Leben auf unserer Erde wiederum zuträglich ist. Im Raum zwischen den Galaxien ist sehr wenig Materie vorhanden, wie wir sie hier auf der Erde kennen. Für irdische Verhältnisse praktisch nichts: weniger als ein Atom auf dem Kubikmeter. Nach Computersimulationen kann sich trotz dieser geringen Dichte im riesigen Raum des Weltalls so etwa die Hälfte aller Materie verbergen! Nach solchen Berechnungen wäre also die andere Hälfte der Materie in den Galaxien zu finden. Dort bildet aber auch nur etwas mehr als die Hälfte der Masse leuchtende Sterne. Der andere Teil liegt als Gaswolken vor, die sich zwischen den Sternen befinden. Das sogenannte interstellare Medium hat dabei eine Dichte, die hunderttausendfach höher liegt als zwischen den Galaxien.

Eine Zählung der Sterne in unserer Galaxie ergab eine ähnliche Zahl wie bei der Galaxienzählung: 300 Milliarden Sonnen. Dabei ist unsere Sonne zufällig ein sehr durchschnittlicher Stern: nicht zu klein, aber auch nicht sonderlich groß. Sterne können einhundertmal kleiner oder auch größer sein. Der hundertste Teil unserer Sonne wird benötigt, um genügend

Druck und Temperatur im Inneren für die Kernfusion aufzubauen. Sterne, die mehr als einhundertmal schwerer als unsere Sonne sind, wurden von den Astronomen bislang nicht beobachtet. Nur in der Frühphase des Universums könnte es größere Sterne gegeben haben.

Einen weiteren Hinweis auf die unermessliche Fülle im Weltall geben die neueren Entdeckungen von Planeten und andere Sterne. Mittlerweile sind über 5000 nachgewiesen worden und man kann an der Häufigkeit ihres Vorkommens abschätzen, dass es im Kosmos ähnlich viele Planeten wie Sterne geben muss, also 300 Milliarden Galaxien mit 300 Milliarden Sternen mit 300 Milliarden Planeten!

Während ich [CG] diese Zeilen schreibe, kann ich zwei von ihnen bequem in den Blick nehmen: unsere Erde mit einem wunderschönen Abendhimmel über dem grünen Land und die Venus, die hell leuchtend in der Dämmerung zu sehen ist. Unser Nachbarplanet Venus erinnert mich aber auch daran, welch besonderer Ort unsere Erde im Universum ist: Sie ist entgegen ihrer Nachbarin mit der richtigen Temperatur und dem richtigen Luftdruck gesegnet. Auf der Venus liegt die Oberflächentemperatur bei 400°C und der Atmosphärendruck ist fünfzigfach so hoch wie auf der Erde.

Ob es tatsächlich eine »zweite Erde« im Universum gibt, darüber gibt es derzeit eine heftige Debatte unter den Forschern. Es könnte sein, dass die Erde einer der sehr wenigen, wenn nicht der einzige Ort im Universum ist, auf dem sich intelligentes Leben Gedanken über das Universum macht. Da wir Menschen selbst Teil des Universums sind, wird es sich in uns Menschen seiner selbst bewusst. Allerdings bin ich als Mensch nur ein winziger Teil davon. Wie viel von meinem

Bewusstsein in die Weiten des Weltalls zurücktransportiert wird, darüber kann man trefflich streiten.

In einer Stunde wird es so dunkel sein, dass ich die Galaxien im Sternbild der Jungfrau in den kleinen Bildausschnitt meines Teleskops nehmen kann. Dabei liegen ohne Weiteres tausende von Galaxien in der Reichweite meines mit einer Hand tragbaren Spiegel-Teleskops! Unsere Galaxie zählen die Astronomen zu diesem riesigen Galaxienhaufen, den wir dort beobachten können. Es ist unsere kosmische Nachbarschaft, die im Durchmesser etwa 100 Millionen Lichtjahre umfasst. Noch weiter kann ich ins Weltall blicken, wenn ich sogenannte Quasare beobachte: Galaxien mit aktiven, hell leuchtenden Galaxienkernen. Sie können unter günstigen Umständen, das heißt bei riesigen Energieausbrüchen, über Lichtlaufzeiten von einigen Milliarden Jahren beobachtet werden. Deshalb sage ich manchmal mit einem Augenzwinkern: Wir Astronomen können mit unseren Teleskopen bis ans Ende der Welt schauen.

Für mich ist das visuelle Beobachten des Sternenhimmels mittels eines Teleskops mit der Erfahrung faszinierender Weite verbunden. Was für eine nicht abschätzbare Größe und Fülle umgibt uns und lässt sich mit unseren vergleichbar kleinen Fernrohren und durch unseren kleinen Verstand erkennen! Mit dieser Erfahrung im Hintergrund muss für mich Gott als Schöpfer unserer Welt einer sein, der es groß, vielfältig, schön, verschwenderisch und im Überfluss mag!

10. WAS DIE WELT IM INNERSTEN ZUSAMMENHÄLT – DIE SCHWERKRAFT

Eine der alltäglichsten Erfahrungen, seitdem wir unser Leben bewusst wahrnehmen, ist die Schwerkraft unseres Heimatplaneten Erde. Alle Dinge fallen nach unten, wenn sie uns aus den Händen gleiten oder wir sie einfach loslassen. Es ist äußerst selten, dass etwas anderes geschieht, wie wir es manchmal bei einer leichten Feder im Wind beobachten können, wenn sie immer höher in die Luft und vom Wind davongetragen wird. Eine weitere Alltagsbeobachtung ist, dass es Sachen gibt, die richtig schwer sind. Es kann sehr schmerzhaft werden, wenn uns etwas auf die Füße fällt oder wenn wir selbst, im wahrsten Sinne des Wortes, unserer eigenen Schwere zum Opfer und damit zu Boden fallen.

In der Antike galt die Schwerkraft als ein Phänomen der Sphären unterhalb des Mondes, wenn man überhaupt von einem Bewusstsein einer Schwerkraft sprechen kann. Der Philosoph und Naturforscher Aristoteles nahm die Alltagserfahrungen der Menschen auf. Eine grundlegende Erkenntnis ist eben, dass alles zum Erdboden fällt. Das war aber nur möglich, wenn man sich die Erde als eine Kugel vorstellte. Hinzu kam die Überlegung, dass der Mittelpunkt des Kosmos im Mittelpunkt der Erde liegen müsse - zumindest für alle Körper, die aus Erde, Feuer, Wasser und Luft zusammengesetzt sind, die als die angenommenen Grundbestandteile von allem galten, was in der Welt zu beobachten war.

Eine weitere Überzeugung war, dass schwere Körper schneller zu Boden fallen als leichte. Dabei berücksichtigte man aber nicht die verschiedenen Luftwiderstände der unterschiedlichen massebehafteten Körper. Als Galileo Galilei den freien Fall untersuchte, widersprach er dieser Ansicht als einer der Ersten. David R. Scott, ein Astronaut der Apollo-15-Mission, demonstrierte auf dem Mond in einem Versuch vor laufender Kamera, dass Körper völlig unabhängig von ihrer Masse gleich schnell zu Boden fallen. Da es auf dem Mond keine Atmosphäre gibt, die den freien Fall abbremst, war dies dort leichter zu zeigen als auf der Erde, denn hier hätte man zunächst ein Vakuum für einen solchen Versuch herstellen müssen.

Für Johannes Kepler war die Schwerkraft noch eine geheimnisvolle Kraft, gleich einer magnetischen Wirkung, die die Planeten auf ihre Ellipsenbahnen lenkte. Er erkannte in den Steinen ein Streben, in dem Gleiches auch Gleiches anzog. Die Schwerkraft war damit nicht nur im Mittelpunkt der Welt zu finden, sondern in jedem einzelnen Körper, der andere an sich zog und von anderen angezogen wurde. Deshalb musste die Erde eine Kugel sein, da jeder Punkt gleich vom anderen angezogen wurde. Andernfalls hätte unser Planet eine andere Form annehmen müssen. Ebenso war für Kepler klar, dass die Gravitationskraft in große Entfernungen wirken musste, da sich Erde, Mond und Planeten nach ihr ausrichteten und bewegten.

Isaac Newton soll, als ihm ein Apfel auf den Kopf fiel, auf die Theorie der Gravitation und damit der Wirkung der Schwerkraft gekommen sein. Er selbst jedoch berichtet davon, dass es die innere Anschauung war, die ihn dem Gesetz der Schwere auf die Schliche kommen ließ. Newton machte eine neue, allgemein wirkende Kraft der Schwere – die Gravitationskraft – dafür verantwortlich. Für ihn war klar, dass sich Massen gegenseitig anziehen und dass es eine beschleunigende Kraft ist, die auf alle Körper wirkt. Deshalb spricht man auch von der Schwerebeschleunigung bei Körpern, wenn man ihre Schwerkraft charakterisieren will.

Es ist der Genialität Newtons zu verdanken, dass er feststellte: die Gravitationskraft zweier Körper ist proportional zu ihren Massen. Hingegen geht die Kraft proportional mit dem Quadrat ihres Abstandes zurück. Hinzu kommt noch ein weiterer Faktor, die Gravitationskonstante, um die Umrechnung in brauchbare Werte zu bringen. Diese Konstante ist sehr klein: zehn Nullen nach dem Komma, dann folgt eine sechs. Das deutet schon an, dass auch die Gravitationskraft eine sehr kleine Kraft im Kosmos ist. Sie wirkt aber unendlich weit, also bis in die hintersten Winkel des Weltalls. Diese Eigenschaft der Gravitation bereitet den Wissenschaftlern große Probleme bei der Feststellung der zugehörigen Konstante: Da sich immer irgendwo störende Massen um sie herum befinden, die sich auch nicht abschirmen lassen, ist sie nur auf vier Stellen genau bekannt – für unsere heutigen Präzisionsmessungen in der Physik geradezu desaströs ungenau!

So schön und einfach die Formel der Newtonschen Gravitation ist, so wenig erklärt sie, was der eigentliche Grund der Kraft nach »unten«, hin zur Erde, ist. Was zieht da eigentlich was an? Newton machte zu Beginn seiner Gravitationstheorie zwei sehr gewichtige Setzungen: Raum und Zeit sind für ihn absolute Größen, die zudem ewig und gleichmäßig sind. Sie stellen den festen Rahmen, der einerseits alles zusammenhält, an dem aber andererseits auch nicht gerüttelt werden kann. Die Folge war die Annahme eines »Uhrwerk-Universums«:

Gott blieb nur noch die Rolle eines Uhrmachers, der ab und zu nachsehen und gegebenenfalls Dinge, die aus dem Ruder laufen, wieder in die richtige Bahn bringen muss.

Der Planet Merkur war so ein Fall. Über Jahrhunderte hinweg konnte man seine Bahn verfolgen und dank Kepler und Newton seinen Ort am Himmel genau berechnen. Doch der Winkel des sonnennächsten Punktes der Merkurbahn veränderte sich über die Zeit mehr, als es die Newtonsche Mechanik zuließ.

Wie schon im Kapitel zuvor beschrieben, konnte Albert Einstein zeigen, dass Raum und Zeit miteinander eine Einheit bilden, die sogenannte Raum-Zeit. Hinzu kam eine besondere Eigenschaft der Raum-Zeit: Sie konnte verformt werden durch die Massen und Energien, die sich in ihr befanden. Masse, also die Eigenschaft, schwer zu sein, verformt die Raum-Zeit. Das heißt: Die Erde ist so schwer, dass sie den Raum um uns herum in dem Maß beeinflusst, dass alles »nach unten« fallen muss. Ein äußerst seltsames physikalisches Modell zur Erklärung der Schwerkraft, das ganz jenseits unserer Alltagswelt liegt und sich dennoch in naturwissenschaftlichen Messungen und Versuchen immer wieder als richtig herausstellt.

Aber nicht nur in dieser Hinsicht gibt es wundersame Geschichten zu erzählen. Auch die Teilchenphysiker, die sozusagen am kleinsten Ende der Erkenntnisse der Realität forschen, haben sich Gedanken zur Schwere von Teilchen gemacht. Sie geben uns zwei noch seltsamere Antworten zum Gewicht von Elementarteilchen, also von Neutronen, Protonen und was es da sonst noch so gibt. Sie haben Modelle entwickelt, in denen zum Beispiel ein Neutron oder auch ein Proton aus drei verschiedenen Quarks besteht. Diese »Geisterteilchen« (es gibt sie nur zusammen, quasi im Dreierpack) bringen zehn Prozent der Masse eines Bausteins der Atomkerne auf die Waage. Den Rest steuern sogenannten Gluonen (aus dem Englischen von »to glue« - »kleben«), also »Klebeteilchen« bei, mit denen sie zusammengehalten werden. Sie bilden durch ihre Bewegungsenergie die restliche Masse eines Atomkernbausteins. Wem das alles noch nicht wunderbar genug ist: Das ist nur der eine Teil der Schwere eines Atombausteins, denn es fehlt noch immer etwas zum gemessenen Gewicht der Kernteilchen. Deshalb wurde in den 60er-Jahren von Physikern wie Peter Higgs so etwas wie ein »Schwerkraftsee« mit zugehörigem Austauschteilchen postuliert, in dem sich alle Teilchen im Universum bewegen: das sogenannte Higgs-Feld. Fast fünf Jahrzehnte später fand man in Genf am Großen Teilchenbeschleuniger des Europäischen Kernforschungszentrums wissenschaftliche Beweise für seine Theorie: das sogenannte Higgs-Teilchen. Dabei lässt man Kernbausteine mit nahezu Lichtgeschwindigkeit aufeinanderprallen und analysiert die Bruchstücke dieser Kollisionen. Allerdings ist die Deutung der Ergebnisse noch nicht abgeschlossen. Haben die Elementarteilchen aufgrund eigener Eigenschaften eine Masse oder bekommen sie ihre Masse durch das Higgs-Feld selbst erst vermittelt? Verschiedene »Lesarten« stehen hier offen.

Für mich [CG] zeigt sich darin eine Vertiefung der wunderbaren Natur, die uns mit ihrer Schwerkraft umgibt und so in ihrer Weise die physische Welt in ihrem Inneren und Äußeren zusammenhält.

11. GENAU RICHTIG – DIE ERDE HAT DEN SCHÖNSTEN PLATZ IM SONNENSYSTEM

Die Bedingungen, unter denen unsere Erde entstehen konnte, sind nicht beliebig. Im Gegenteil. Es brauchte eine ganze Reihe von aufeinander abgestimmten Entwicklungsschritten, dass unser Heimatplanet entstehen konnte. Die folgenden Eckpunkte zeichnen dabei Gedanken des Astrophysikers Arnold Benz nach, der die Erkenntnisse der Astrophysik mit einer Schöpfung durch Gott verbinden kann.

Es brauchte so etwas wie einen Urknall und neben der Entstehung des Lichtes und der sichtbaren Materie auch die bislang wenig geklärte dunkle Materie und die dunkle Energie, damit unser Weltall überhaupt seine heutige Gestalt annehmen konnte. Hinzu kommt ein gewisses Alter und eine gewisse Größe des Universums. Denn in der präsolaren Gaswolke, aus der die Sonne und unser Sonnensystem später entstand, musste eine ganz bestimmte Zusammensetzung von schwereren Elementen vorhanden sein. Diese standen aber erst zur Verfügung, nachdem eine Reihe von Sterngenerationen sie durch ihre Kernfusion aus dem ursprünglichen Wasserstoff und Helium erzeugt und am Ende ihres Sternlebens wieder ins Weltall abgegeben hatten. Alle Elemente, von Kohlenstoff, Stickstoff, Sauerstoff bis hin zu Eisen, können durch Kernverschmelzung in Sternen hervorgehen. Schwerere Elemente wie zum Beispiel Blei, Gold oder Uran brauchen die riesigen Explosionen am Ende eines Sternenlebens, um überhaupt entstehen zu können. Wahrscheinlich spielt bei der Produktion der sogenannten schweren Elemente auch die Kollision von sehr massiven »Sternleichen«, sogenannten Neutronensternen, eine zentrale Rolle.

Der Ort unseres Sonnensystems musste in einer bestimmten ruhigen und angenehmen Region unserer Heimatgalaxie gelegen sein. Er konnte sich nicht beliebig nahe am Zentrum oder an den Rändern unserer Milchstraße befinden. Unser Zentralgestirn musste aber genügend Abstand vom Zentrum der Galaxie haben, da von ihm immer wieder heftige Strahlungsausbrüche zu erwarten waren. Am Rand unserer Galaxie hingegen ist die Sternentstehungsrate zu gering. Wichtig war auch eine einigermaßen kreisförmige Bahn um das galaktische Zentrum, damit die großräumige Umgebung um die Sonne gleichmäßig erhalten blieb. Wir liegen also mit unserem Sonnensystem wunderschön in der Mitte des bewohnbaren Gebietes unserer Galaxie! Aber auch die direkte Nachbarschaft um unser Sonnensystem musste entsprechend ruhig und nicht von interstellaren Katastrophen betroffen gewesen sein. Ständige Sternexplosionen in der Nachbarschaft würden sich negativ auf das Leben auswirken, da mit ihnen heftige und sehr schädliche Strahlungsausbrüche verbunden sind.

Bei der Entstehung unserer Sonne hat sich eine entsprechend günstig zusammengesetzte Gaswolke ergeben. Sie war nötig, damit überhaupt Gesteinsplaneten wie unsere Erde, Venus, Mars und Merkur entstehen konnten. Unser Heimatstern ist mit großer Wahrscheinlichkeit zusammen mit anderen Sternen in einem kleinen Sternhaufen entstanden. Dabei hatten wir das Glück, in keinem Doppelsternsystem »gelandet« zu sein, das hätte die Möglichkeiten für die Entstehung einer Erde und vor allem von Leben von Anfang an erheblich reduziert. Sicher ist in jedem Fall, dass sich um die Mehrzahl der Sterne ein Planet, wenn nicht ein ganzes System von Planeten befindet. Astronomen gehen davon aus, dass es in unserem Universum mehr Planeten als Sterne gibt.

Hinzu kommt der Typ unserer Sonne. Als sogenannter G-Stern, was ihre grün-gelbe Farbe charakterisiert, ist sie ein ganz durchschnittlicher Stern unserer Galaxie. Die Sonne selbst hat für die Entstehung des Lebens auf der Erde eine ausgezeichnet günstige Lebenserwartung von etwa zehn Milliarden Jahren. Derzeit ist sie etwa fünf Milliarden Jahre alt. Erst in etwa einer Milliarde Jahre werden die Bedingungen für das Leben auf der Erde durch Veränderungen in der Sonne zu heiß werden. Damit ergeben sich insgesamt sechs Milliarden Jahre, in denen sich das Leben auf unserer Erde halten und immer weiterentwickeln kann. Das Planetensystem um unsere Sonne ist ebenso gekennzeichnet von kreisförmigen Bahnen, die über Milliarden von Jahren stabil sind. Der größte unter den Planeten, Jupiter, scheint dazu ein Ausmaß zu besitzen, das sowohl für die Abschirmung von Asteroiden und Kometen sorgt und auch die Erdbahn auf Dauer stabilisiert. Umstritten ist noch, woher das Wasser auf unserer Erde kommt, das heißt, ob es schon von Anfang an auf beziehungsweise in der frühen Erde vorhanden war oder durch Kometen in der Frühphase unseres Planetensystems auf die Erde gebracht wurde. Jedenfalls ist die Erde schwer genug, um das Wasser und auch den Wasserdampf mit ihrer Schwerkraft an sich zu binden und uns deshalb das kostbare Nass nicht wieder ins Weltall hinaus entschwinden kann. Dabei haben wir das Glück, nicht zu viel und auch nicht zu wenig Wasser auf der Erde zu haben: Großflächige Landkontinente und Meere stehen in einem günstigen Verhältnis für die Entstehung von Leben.

Eine ganz wichtige Rolle spielt unser Mond, dem der nächste Abschnitt dieses Buches gewidmet ist. In jedem Fall ist seine stabilisierende Wirkung auf die Erdbahn und die Gezeiten, die er versursacht, ein Glücksfall für den Übergang der Entstehung des Lebens aus dem Meer ans Land gewesen. Darüber hinaus stabilisierte der Mond die Rotationsachse der Erde und half so mit, dass wir in den meisten Gegenden der Welt Jahreszeiten erleben können. Damit variieren die Temperaturen bei Tag und Nacht nicht so stark, dass Leben auf kurzen Zeitskalen beeinträchtigt wird.

In der Erde muss ein flüssiger Erdkern aus Eisen vorhanden sein, der ein Magnetfeld um die Erde hervorbringt. Dieses Magnetfeld schirmt größtenteils geladene Teilchen von der Erdoberfläche ab, indem es sie auf Bahnen lenkt, die an den Polregionen auf die Erdatmosphäre treffen und dort als Polarlichter bewundert werden können.

Immer wieder stürzten Meteoriten auf die Erde, was zum Teil katastrophale Folgen hatte. Als bei einem solchen Meteoriteneinschlag das Nördlinger Ries vor zwanzig Millionen Jahren entstand, starben auf dem Europäischen Kontinent sicher alle größeren Lebewesen aus. Auf der gesamten Erde hatte dieser Einschlag nachhaltig negative Wirkung. Allerdings waren die eintreffenden Körper aus dem Sonnensystem in der Phase, in der es Leben auf unserem Planeten gab, nie so groß, dass es komplett ausgelöscht wurde. Einschläge von größeren Himmelskörpern gab es nur zu Beginn des Sonnensystems.

Erdbeben und Vulkanausbrüche sind für unsere menschliche Zivilisation oft eine Katastrophe. Doch für den Kohlenstoffdioxidhaushalt unseres Planeten spielen sie eine wichtige

Rolle. Ohne das Versinken von großen Gesteinsmengen, die das Kohlenstoffdioxid in gebundener Form enthalten, würde das Klima aufgrund der Anreicherung des Treibhausgases rasch zu heiß werden. Ohne die Emission von Gasen bei Vulkanausbrüchen in die Erdatmosphäre würde der größte Teil der Erdoberfläche wieder unter einem Eispanzer versinken, wie es zum Teil über lange Zeit hin der Fall war. Insgesamt hat sich in unserer Atmosphäre ein sehr günstiges Verhältnis von Sauerstoff, Stickstoff und den Spurengasen herausgebildet.

Ein weiterer interessanter Aspekt ist das Vorhandensein von radioaktiver Strahlung. Sie kommt uns einerseits aus dem Weltall entgegen, vor allem von der Sonne als Ultraviolett- und sogenannte weiche Röntgenstrahlung, in kleineren Mengen aus Quellen unserer Milchstraße. Der andere Ursprung dieser Strahlung ist unsere Erde selbst, also die Radioaktivität, die aus dem Erdmantel von radioaktiven Elementen wie Uran ausgeht. Diese Strahlung ist einerseits so schwach, dass sie das Leben nicht gefährdet, aber andererseits stark genug, um Mutationen im Erbgut der Lebewesen für eine beschleunigte Evolution auszulösen. Wieder ist es ein für das Leben günstiges Maß, dieses Mal an Strahlung, das auf der Erde herrscht.

Zu diesen etwa zwanzig günstigen Bedingungen für das Leben im kleinen und großen Kosmos, der uns umgibt, könnte man noch einige hinzufügen. Sicher ist, dass es auf der Erde so etwas wie intelligentes Leben gibt und dass dieses Leben sich zahlreicher und noch dazu aufeinander abgestimmter und äußerst günstiger Bedingungen verdankt. Man kann der Meinung sein, dass dies alles eine Abfolge von blinden

Zufällen ist. Aber bei so vielen Zusammentreffen der richtigen Variablen kann man sich auch mit gutem Grund wundern und die Entwicklung zu unserem heutigen Dasein als Geschenk empfinden. Hinter all dem einen Schöpfer zu vermuten, der es gut mit seiner Schöpfung meint, widerspricht nicht vernünftiger Überlegungen, sondern ist eine legitime Deutung der äußerst komplexen Entstehung unserer Erde als Lebensraum für so viele unterschiedliche und vielfältige Lebensformen.

Einfaches Leben gibt es mit hoher Wahrscheinlichkeit im Universum, vielleicht sogar auf einem der Eismonde von Jupiter (Mond Europa) und Saturn (Mond Enceladus). Ob es noch einen anderen Ort mit höher entwickeltem Leben gibt, wissen wir derzeit nicht. Wenn wir die Begrenzungen und Zeitskalen der Physik betrachten, ist es in jedem Fall sehr unwahrscheinlich, dass wir direkt mit diesen Lebewesen in Kontakt treten werden. Umso verwunderlicher und auch wichtiger ist es, dass es unsere Erde mit ihren sehr lebensfreundlichen Bedingungen gibt.

12. EIN EINGESPIELTES TEAM – ERDE UND MOND

Kein anderer Planet in unserem Sonnensystem hat einen ähnlich großen Begleiter im Verhältnis zu der eigenen Masse, wie es die Erde in ihrem Mond hat. Wenn man die Dynamik der Erde über die Zeit mit oder ohne Mond in Computern simuliert, dann fällt auf, dass unser relativ große Trabant die Erde in einem besonderen Maß »auf Kurs« hält. Dabei kommen verschiedene Aspekte zum Tragen, die sich im Lauf eines Tages, eines Monats, aber auch während eines ganzen Jahreslaufes zeigen.

Wenn man sich an einer der Küsten unserer Ozeane aufhält, nimmt man zumindest innerhalb einiger Stunden den Wechsel der Gezeiten wahr. Sie haben ihren Ursprung im gravitativen Einfluss des Mondes und der Sonne auf das leicht bewegliche Wasser der Ozeane. Alle etwa sechs Stunden kommt es abwechselnd zu Ebbe und Flut. Das Wasser steigt durch die additive Wirkung der Schwerkraft von Sonne und Mond, wenn sie das gemeinsame Schwerezentrum von Erde und Mond in eine Richtung bewegen – es herrscht Flut. Wenn sich beide Wirkungen aufheben, das heißt, wenn Sonne und Mond im rechten Winkel zueinander stehen, dann sinkt der Wasserstand und es herrscht Ebbe.

Man kann auch Ebbe und Flut als eine große, die Erde umlaufende Wasserwelle betrachten. Sie wird allerdings durch die Kontinente »gestört«. Es kommt zu Wellenbewegungen, die jeweils an den Küsten reflektiert werden. Dann schwappt das Wasser – um im Bild zu bleiben – zum Beispiel zwischen dem amerikanischen Kontinent und Europa/Afrika hin und her.

Eine große Rolle spielten die Gezeiten bei der Entstehung des Lebens, das sich aus dem Wasser ans Land verlagerte. Mit den regelmäßigen Auf- und Abbewegungen des Wassers wurde es zunächst den Pflanzen und später auch den Tieren wesentlich erleichtert, aus den Ozeanen an Land zu wechseln, um dort Wurzeln zu schlagen und neue Lebensräume zu erobern.

Zusätzlich zu seiner Wirkung bei Ebbe und Flut trägt der Mond zur Stabilisierung der Bewegungen der Erde während des Jahres bei. Dabei ist das System Erde–Mond als ein Gesamtes zu betrachten. Etwas flapsig formuliert könnte man auch sagen, dass die Erde sich während des Jahres um die Sonne bewegt, gestört durch den Mond, durch den sie leichte Schlangenlinien auf ihrer Bahn fährt. Gleiches gilt auch für den Mond, der sich eigentlich um die Sonne bewegt, aber gleichwohl mehr durch die größere Erde beeinflusst wird. Dabei ist die Bewegung des Mondes um die Erde eine sogenannte gebundene Rotation: Er wendet uns immer die gleiche Seite zu und verändert sein Aussehen nur in einer ganz leichten Pendelbewegung, der sogenannten Libration. Mit diesen Besonderheiten der Mond-Erde-Bahn und ihren gemeinsamen Bewegungen erklärt sich die oben genannte Stabilisierung der Bahnen: Die beiden Körper zwingen sich gegenseitig immer wieder, auf ihrer je eigenen Bahn zu bleiben.

Ein Aspekt der Erdbahn ist die Neigung ihrer Nord-Süd-Achse um 23 Grad. Im Jahreslauf pendelt die Erde entlang dieser Achse, was zu unseren gewohnten Jahreszeiten Winter, Frühjahr, Sommer und Herbst führt. Dass diese Bewegung sich in einer sehr regelmäßigen und nicht in Extreme abgleitenden Weise vollzieht, ist der Gegenwart des Mondes zu verdanken. Er »hilft« durch seine bloße Existenz der Erde dabei, nicht über einen bestimmten Wert in der Neigung der Erdachse hinaus zu schwanken und verhindert damit extreme Klimaveränderungen in den verschiedenen Breitengraden der Erde. Schon kleine Änderungen des Neigungswinkels der Rotationsachse der Erde haben großen Einfluss auf die klimatischen Bedingungen, gerade der südlichen und nördlichen Breiten. Das Klima auf der Erde wird mit unserem Mond über große Zeitskalen stabilisiert, was für das Leben in jedem Fall sehr förderlich ist.

Ein eigener Effekt des Mondes wird an der Tageslänge auf der Erde sichtbar. Sie wächst durch die Reibung, die Ebbe und Flut auf der Erde verursachen. Es sollen nach genauen Messungen der Astronomen nur 0,002 Sekunden sein, aber über die Jahrmilliarden summiert sich das auf etwa zehn Stunden. Das heißt, die gerade entstandene junge Erde rotierte vor etwa 4,6 Milliarden Jahren wesentlich schneller und der Tag war kürzer als fünfzehn Stunden!

Ein anderer Effekt ist leichter messbar: Die Distanz zwischen Erde und Mond wächst jedes Jahr um vier Zentimeter. Durch spezielle Reflektoren, die die Astronauten auf der Mondoberfläche hinterlassen haben, kann die aktuelle Entfernung zu unserem Trabanten nachgemessen werden. Der Mond entfernt sich also langsam, aber stetig von uns. Der schöne Effekt bei Sonnenfinsternissen, dass der Mond die Sonne ungefähr verdeckt, wird also in einigen Millionen Jahren nicht mehr zu sehen sein.

Über die Entstehung des Mondes gab es verschiedene Theorien. Nach einer Hypothese ist der Mond mit der Erde entstanden, nach einer anderen ist er von der jungen Erde »eingefangen« worden. Derzeit wird allerdings die Entstehung des Mondes aus einer Kollision der Erde mit einem Himmelskörper favorisiert.

Danach soll auf die gerade entstandene Erde, die vielleicht auch selbst noch flüssig war aufgrund ihrer hohen Temperatur, ein Körper von der Größe des Mars getroffen sein. Der Großteil der Masse formte zusammen mit der schon bestehenden Erde eine neue, größere Planetenkugel. Aufgrund der riesigen Kollision wurden allerdings viele kleine Körper in eine Umlaufbahn um die Erde gebracht. Diese verdichteten sich wieder zu einem eigenen, neuen Körper – der Mond war geboren! Durch den gemeinsamen Ursprung haben Mond und Erde sehr ähnliche chemische Zusammensetzungen, die nur in wenigen Punkten markant abweichen. Deshalb vermutet man, dass die anfängliche Erde nicht frontal von dem marsgroßen Himmelskörper getroffen wurde, sondern eher streifend, sodass schwerere Elemente des Zentrums an der Erde »haften« blieben. Die fast kreisförmige und gleichmäßige Gestalt der Mondbahn ergibt sich bei dieser Entstehungsgeschichte von selbst.

Die Stabilisierung der Erde und ihrer Bahngestalt, vor allem ihrer Drehung um die eigene Achse, setzte schon in sehr früher Zeit ein und erwies sich als sehr vorteilhaft für die Entstehung von Leben. So konnte der Mond schon am Beginn der Erde so etwas wie ein Geburtshelfer des Lebens sein, allein durch sein Vorhandensein.

Seltsamerweise wird der Mond von uns als das schwankende und sich ständig ändernde Gestirn wahrgenommen. Unser deutsches Wort »Laune« soll unmittelbar mit der lateinischen Bezeichnung Luna für »Mond« in Verbindung stehen, weil unser himmlischer Nachbar stets anders aussieht und sich immer wieder wandelt. Der Erde jedenfalls verleiht seine Anwesenheit eine lebensfördernde Stabilität in allen staunenswerten regelmäßig-unregelmäßigen Änderungen »des treuen Zeugen über den Wolken«, wie ihn die Psalmen poetisch umschreiben. Wir dürfen ihm wahrhaft dankbar sein, dass er da ist, sonst wäre noch heute Leben auf unserer Erde ausschließlich im Wasser möglich und hätte das Land nie erobert.

13. DER BRENNOFEN DER MATERIE – KERNFUSION

Aus unmittelbarer Erfahrung wussten die Menschen sehr früh in ihrer Geschichte, dass alle Energie und damit alles Leben von der Energie der Sonne abhing. Sie hatten zudem beobachtet, dass Feuer einen Stoff braucht, von dem es Nahrung bekommt. Holz oder Kohle waren vorzügliche Ausgangsstoffe für eine Verbrennung. Aber auch Fett, Wachs oder Öl eigneten sich als Grundlage für ein wärmendes oder ein die Nacht erhellendes Feuer. Aus dieser Alltagserfahrung heraus gab es Berechnungen darüber, wie viel Kohle zum Beispiel in der Sonne verbrannt werden müsse, damit sie die abgestrahlte Energie in ihrem Inneren gewinnen konnte. Die Ergebnisse solcher Versuche waren allesamt sehr unbefriedigend, denn nirgends gab es genügend viel und auch anhaltend genug Energie in der Form, wie man sie an der Sonne ablesen konnte. Erst mit der Entwicklung der Quantenphysik und dem Verstehen der Bindungsenergien innerhalb von Atomkernen konnte Licht in das Dunkel der Energiegewinnung der Sterne durch die Fusion von Atomkernen gebracht werden.

Die vier Elemente, von der man in der alten Physik ausging – Feuer, Erde, Wasser und Luft –, wiesen der Sonne klar das Feuer zu. Aber aus was bestand dann das Feuer? Lange Zeit nahm man deshalb an, dass die Sonne aus der gleichen Mischung an Elementen bestand, wie wir sie auf der Erde vorfinden. Das aber zog die unlösbare Frage nach sich, woher sie die Energie für ihr Leuchten nimmt. Cecilia Payne-Gaposchkin fand 1924 als Erste heraus, dass die Sterne hauptsächlich aus Wasserstoff und Helium bestehen. Diesen Befund musste sie aber zunächst auf Druck ihres Doktorvaters am Radcliffe College widerrufen, ehe ihre Forschungen kurze Zeit später als zutreffend anerkannt wurden und auf die richtige Spur führten. Sterne sind Gaskugeln. Die in den 1920er-Jahren aufkommende Atomphysik wies den Weg zur Energiegewinnung aus Materie. Dabei kam die berühmteste Formel des 20. Jahrhunderts zur Anwendung: Energie entspricht Masse, multipliziert mit dem Quadrat der Lichtgeschwindigkeit. Der Weg war frei für die Entschlüsselung einer fast unerschöpflichen Energiequelle.

Eine weitere Entdeckung hatte Auswirkungen auf das Wissen über das Entstehen unserer Erde: der sogenannte Urknall. In seiner Folge bestand das Universum aus etwa 75 Prozent Wasserstoff und 25 Prozent Helium. Dazu kamen noch Spuren von Lithium und Beryllium. Zwischenzeitlich sind einige weitere Elemente durch explodierende Sterne hinzugekommen. Den größten Teil machen nach wie vor die Elemente Wasserstoff und Helium in den Gaswolken der Galaxien aus. Sie sind der Ausgangsstoff, aus dem noch heute Sterne entstehen. Durch die Wirkung der Schwerkraft ziehen sich die Gaswolken zusammen und werden in ihrem Inneren immer heißer. Bei etwa zehn Millionen Grad überwinden die Wasserstoffkerne, die Protonen, die Abstoßung ihrer elektrisch positiven Ladungen und verschmelzen miteinander zu Helium.

Entscheidend ist dabei noch ein spezieller quantenmechanischer Sachverhalt: der Tunneleffekt. Er funktioniert wie ein Tunnel in unserer Alltagswelt: Wenn ein Berg viel zu hoch ist, dass er mit dem Auto überwunden werden könnte, baut man einen Tunnel, durch den man bequem hindurchfahren kann, um auf die andere Seite zu gelangen. So ähnlich geht es auch den Protonen bei ihrer Verschmelzung: Eigentlich ist der »Energieberg«, den ein Proton überwinden müsste, um mit einem anderen zu verschmelzen, viel zu hoch. Die Abstoßungskräfte zwischen den positiv geladenen Teilchen sind eigentlich zu stark. Aber es gibt in der Welt der kleinsten Objekte seltsame Effekte. Einer davon ist, dass Protonen wie durch einen Tunnel unter dem im Weg stehenden »Energieberg« hindurch »wandern« und doch miteinander verschmelzen können. Es sind zwar nur wenige, die den Weg durch den Tunnel finden, aber noch immer genügend, um damit das Feuer der Kernfusion in einem Stern zu erhalten.

Carl Friedrich von Weizsäcker und Hans Bethe haben Ende der 1930er-Jahre unabhängig voneinander die Wege der Kernverschmelzung gefunden. Die Umwandlung geht in mehreren Schritten vor sich. Zunächst verschmelzen zwei Protonen zu einem neuen, schwereren Kern, dem Deuterium. An diesen speziellen Kern des Wasserstoffisotops fusioniert ein drittes Proton. Es entsteht ein erster Helium-3-Kern. Wenn zwei Helium-3-Kerne miteinander verschmelzen, werden zwei Protonen frei und ein Heliumkern bleibt als Endprodukt zurück.

Die beschriebene Reaktionskette der Verschmelzung von Protonen ist nicht gerade einfach. Es gibt aber noch eine komplexere Alternative, die sich der Kohlenstoff-, Stickstoff- und Sauerstoffkerne quasi als Katalysator bedient. Es ist der sogenannte CNO-Zyklus: Nach sechs Stationen in einem Kreislauf entsteht aus vier Protonen ein Heliumkern. Die Kohlenstoff-, Stickstoff- und Sauerstoffkerne gehen aus der Reaktion unversehrt hervor und stehen einem neuen Zyklus der Kernfusion von Wasserstoff zu Helium zur Verfügung. Das für die Sonnenforscher interessante Detail der beiden beschriebenen Wege ist, dass der CNO-Zyklus bei etwa 15 Millionen Grad derart effizient ist, dass er die komplette Energiegewinnung eines Sterns dominiert und damit sehr beschleunigt. Auf diesen Sachverhalt ist später noch einmal zurückzukommen, wenn wir die Lebenserwartung von Sternen betrachten.

Bei den beiden beschriebenen Prozessen der Fusion von Wasserstoff zu Helium wird Energie frei, die dem Unterschied des Gewichts zwischen vier Protonen und dem zuletzt übrigbleibenden Heliumkern entspricht. Der Unterschied ist nicht sehr groß, es sind nur 0,66 Prozent einer Atomgewichtseinheit. Das ist aber der effektivste Energiegewinnungsprozess, den es in der Umwandlung von Materie zu Energie überhaupt in der Natur gibt.

Bei der Betrachtung der Energieerzeugung ist es gut, auf andere Skalen zu schauen. Wasserstoff ist das leichteste aller Elemente. Wenn ein Kilogramm Wasserstoff in Helium verschmelzen, dann entsteht die ungeheure Menge von 174 Milliarden Kilowattstunden. Das ist der Strombedarf der Abtei Münsterschwarzach für 100 000 Jahre! In der Sonne werden aber in der Sekunde nicht nur ein Kilogramm Wasserstoff in Helium fusioniert, sondern 600 Millionen Tonnen, die sich in 596 Tonnen Helium umwandeln. Die Differenz von vier Tonnen ist die unvorstellbar hohe Energie, die jede Sekunde im Zentrum unserer Sonne entsteht. Es entspricht dem Zehntausendfachen des Energiebedarfes der gesamten Menschheit pro Jahr.

Bei diesen großen Zahlen, die bei der Umwandlung von Wasserstoff in Helium im Spiel sind, könnte man sich Sorgen um die Zukunft der Sonne machen. Aber in zehn Milliarden Jahren ihrer Lebenserwartung wird gerade einmal ein Prozent ihrer Masse in Energie umgewandelt und in den Weltraum abgestrahlt. Weitaus größer ist der Masseverlust der Sonne durch die Abstrahlung von Masse aus den äußeren Schichten ihrer Sternatmosphäre als sogenannter Sternenwind. Eine der Auswirkungen davon können wir auf unserer Erde unter anderem auch als Polarlichter bewundern, wenn die geladenen Teilchen mit den höher gelegenen Schichten unserer Erdatmosphäre reagieren.

Kommen wir noch einmal auf die hohe Effizienz des CNO-Zyklus gegenüber der direkten Verschmelzung von Wasserstoff zu Helium zurück. Das bildet den Hintergrund dafür, dass massereiche Sterne wesentlich »verschwenderischer« mit ihrem Energievorrat an Wasserstoff umgehen als leichte und kleinere Sterne. Ein Stern mit der halben Sonnenmasse oder weniger kann einhundert Milliarden Jahre alt werden. In seinem Zentrum reicht die Temperatur gerade für die Reaktionskette von einzelnen Wasserstoffkernen zu Helium. Bei einem Stern, der zehn- oder gar hundertmal größer ist als unsere Sonne, sind die Temperaturen im Zentrum weitaus höher. Es sind fünfzehn oder bis zu einhundert Millionen Grad. Da kommt der CNO-Zyklus so richtig in Schwung und es wird tausendfach effizienter Wasserstoff in Helium und in Energie umgewandelt. Der Erfolg ist eine wesentlich höhere Leuchtkraft, der Preis dafür aber nicht unerheblich: Es dauert nur wenige Millionen Jahre, bis der innere Energievorrat des massereichen Sterns aufgebraucht ist und er in einer gewaltigen Explosion sein verhältnismäßig kurzes Sternenleben beendet.

Fast alles Licht im Universum kommt von den Sternen und damit von der Kernfusion, die in ihren Zentren abläuft. Ihr haben wir also unseren wunderbar leuchtenden Sternenhimmel zu verdanken und auch alle Energie für das Leben hier auf der Erde!

14. SCHWARZ, ABER SCHÖN – WIE DER KOHLENSTOFF IN DIE WELT KAM

Kohlenstoff ist das vierthäufigste Element im Kosmos. Ohne ihn gibt es kein Leben, zumindest nicht so, wie wir es hier auf der Erde kennen. Seine besondere chemische Vielseitigkeit resultiert aus seiner Elektronenhülle, die vier freie Bindungen zulässt. Dadurch können neue Stoffe entstehen. Ein Methanmolekül besteht zum Beispiel aus einem Kohlenstoffatom, das von vier Wasserstoffatomen umringt wird. Das Tolle ist, dass sich diese Kohlenwasserstoffverbindungen zu Ketten zusammenschließen können. Mit dem Anlagern anderer Elemente oder Molekülgruppen eröffnet sich ein eigener Kosmos, der auch »organische Chemie« genannt wird. Die Vielfalt in Form und Funktion von Molekülen, die mit Kohlenstoff aufgebaut werden, ist praktisch nicht auszuloten. Doch woher kommt der unverzichtbare Grundbaustein des Lebens eigentlich? Er war am Anfang des Kosmos nicht da, sondern bildete sich erst in größeren Sternen. Doch dazu müssen wir an den Anfang des Kosmos zurückblicken.

An sich ist die Energiegewinnung durch Fusion schon eine erstaunliche Sache. Wir sahen dies im vorhergehenden Abschnitt über die Sterne. Da beim Zusammenschluss von zwei Protonen zu einem neuen Atomkern etwas Energie frei wird, haben die Sterne einen fantastischen Energievorrat, der sie zum Leuchten bringt. Das Universum wurde daher nach einer dunklen Phase von einhundert Millionen Jahren wieder durch die Sterne erhellt. Uns Menschen ist dadurch die Sonne und der nächtliche Anblick der Sterne geschenkt. Aber wir bekommen nicht nur die unabdingbare Energie für unser Leben durch die Sonne geliefert, die nichts anderes als ein ganz gewöhnlicher Stern ist, sondern in den Sternen wurde erst der Grundstoff des Lebens, so wie wir es kennen, herangebildet: der Kohlenstoff. Seine Bildung ist alles andere als selbstverständlich, daher lohnt es sich, die Bedingungen näher zu betrachten.

Unsere Sonne ist ein Stern, der sehr sparsam mit seinem Kernbrennstoff Wasserstoff umgeht. Das ist bedingt durch ihre Masse, die nicht sonderlich groß ist. Sie bestimmt auch indirekt die Temperatur in ihrem Zentrum, die bei fünfzehn Millionen Grad liegt. Die Sonne sendet uns in drei Stunden so viel Energie auf die Erde, wie die Menschheit derzeit im Jahr verbraucht. Dabei trifft nur ein winziger Bruchteil der abgestrahlten Sonnenenergie die Erde.

Sterne mit wesentlich mehr Masse als die Sonne fusionieren innerhalb weniger Millionen Jahre in ihrem zentralen Bereich allen Wasserstoff zu Helium. Dann passiert etwas Eigentümliches: Zunächst wird im Heliumkern keine Energie erzeugt, weil die Temperatur für das Fusionieren von Helium zu schwereren Elementen zu niedrig ist. Die Masse des Sterns komprimiert den Kern aber so lange, bis die Hitze etwa hundert Millionen Grad erreicht, was das »Heliumbrennen« zündet. Das heißt, Helium wird zu Beryllium, Kohlenstoff und Sauerstoff fusioniert. Außerhalb des Kerns befindet sich eine Schale, in der Wasserstoff zu Helium verwandelt wird. Darüber beginnt die eigentliche Sternatmosphäre.

Damit haben wir einen Stern vor uns, der in seinem Inneren Kohlenstoff über Kernreaktionen erzeugen kann. Leider dürften aber in der Realität bei der Fusionierung von drei Heliumkernen kaum Kohlenstoffkerne übrigbleiben. Wenn drei Heliumkerne exakt zur gleichen Zeit zusammenstoßen - sie werden auch Alpha-Teilchen genannt und dieser Prozess wird als Triple-Alpha-Prozess bezeichnet -, dann ist das selbst in großen Sternen ein so seltener Zufall, dass damit die Häufigkeit des Kohlenstoffs im Universum nicht erklärt werden kann.

Deshalb hat man nach anderen Reaktionsketten gesucht. Zwei Heliumkerne können zum Beispiel zu Beryllium verschmelzen. Mit einem weiteren Heliumtreffer kann daraus dann Kohlenstoff entstehen. Leider ist aber auch der neu entstandene Berylliumkern sehr instabil und zerfällt nach einem Millionstel einer Milliardstel Sekunde. Es braucht also etwas besonders »Anziehendes« in diesem Prozess. Und das gibt es tatsächlich: Es herrscht eine wundersame Übereinstimmung der nötigen Energiebeiträge, um den zu bildenden Kohlenstoffkern entstehen zu lassen! Das ebenfalls Verwunderliche an dieser Tatsache ist, dass diese zunächst theoretisch von Fred Hoyle, einem englischen Astrophysiker, vorhergesagt wurde, um dann erst Jahre später experimentell nachgewiesen zu werden.

Wir sind allerdings noch nicht am Ende der Reise zur Entstehung des Kohlenstoffs in massereichen Sternen. Bei der Fusionierung von Beryllium und Helium entstehen durch die hohe Temperatur bei diesem Prozess sogenannte angeregte Kohlenstoffkerne. Der gesamte Kern schwingt also noch und muss einen Teil seiner inneren »Geburtsenergie« wieder loswerden. Das gelingt allerdings nur sehr wenigen Kohlenstoffkernen: 4 von 100 000! Die nächste Dezimierung des Kohlenstoffanteils geschieht durch umherschwirrende Heliumkerne. Bei einem Treffer verwandelt sich der Kohlenstoff in Sauerstoff. Zum Glück wird dabei der Sauerstoff nicht bevorzugt, sonst würde aller Kohlenstoff weiter in Sauerstoff verwandelt werden. Da haben wir wieder einmal buchstäblich Glück gehabt! So entstehen aus der Reaktionskette zweier Heliumkerne zu einem Berylliumkern und danach von einem Berylliumkern mit nachfolgenden Zusammenstößen mit Heliumkernen etwa gleich viel Kohlenstoff und Sauerstoffkerne – die Grundlage unseres irdischen Lebens!

Über die feine Abstimmung dieser einzelnen Prozesse soll Fred Hoyle derart in Staunen geraten sein, dass er nicht mehr weiter an eine Reihe von reinen Zufällen in der Natur glauben mochte. Für ihn war klar, dass sich hinter dem Fusionsprozess ein Ziel verbarg, das einen bestimmten Sinn hatte. Es musste also nach seiner Meinung eine höhere Macht gegeben haben, die die Grundlagen der Physik so aufeinander abgestimmt hatte, wie sie für einen lebensfreundlichen Kosmos absolut dienlich waren.

15. AUS STAUB BIST DU – KOHLENSTOFF, DAS ELEMENT DES LEBENS

Das Leben auf der Erde basiert tatsächlich auf dem Element Kohlenstoff. Zwar ist der Hauptbestandteil der meisten Lebewesen Wasser, aber es hat keine strukturelle Funktion. Die biologischen Strukturen und Funktionen beruhen dagegen auf Proteinen, Kohlenhydraten, Fetten sowie Nukleinsäuren wie der DNA, deren aller Hauptbestandteil Kohlenstoff ist. Daneben sind Sauerstoff, Wasserstoff und Stickstoff weitere wichtige Elemente in diesen Verbindungen, die aber mengenmäßig hinter den Kohlenstoff zurücktreten.

Ein Element, auf dem (irdisches) Leben basiert, muss folgende Eigenschaften mitbringen: Es muss in der Lage sein, sich zu größeren Gerüstmolekülen zu verbinden, aus denen dann Körperstrukturen aufgebaut werden können. Dabei ist es wichtig, dass eine große Variationsvielfalt möglich ist, denn nur so kann sich komplexes, höheres Leben entwickeln. Zudem müssen diese Moleküle in der Erdatmosphäre stabil oder wenigsten halbwegs stabil sein, andererseits müssen sie aber noch so reaktiv sein, dass Stoffwechselvorgänge möglich sind. Dann sollten die Ketten, die aus den einzelnen Molekülen zusammengesetzt sind, wasserfest sein beziehungsweise sie dürfen sich nicht allzu leicht in Wasser lösen. Und dann muss dieses Element noch in ausreichender Menge zur Verfügung stehen. Diese Voraussetzungen erfüllt von den knapp hundert auf der Erde natürlich vorkommenden Elementen Kohlenstoff in ganz besonderer Weise.

Kohlenstoffatome können untereinander sowohl einfache Bindungen als auch zwei- und sogar dreifache Bindungen ausbilden. Darüber hinaus verbindet Kohlenstoff sich leicht mit vielen weiteren Elementen wie zum Beispiel Sauerstoff, Wasserstoff, Stickstoff oder Schwefel.

Auf diese Weise kann eine schier unvorstellbare Vielfalt von Kohlenstoffverbindungen gebildet werden. Kohlenstoff kann sich zu einer unendlichen Anzahl von Ketten und Ringen, vor allem zu Fünf- und Sechsringen, verbinden. Darüber hinaus werden Atome anderer Elemente eingebunden, sodass die Eigenschaften stark variiert werden können. Daher gibt es einige Millionen Kohlenstoffverbindungen, sogenannte organische Moleküle. Alle anderen Elemente bilden zusammen nur ein paar zehntausend, sogenannte anorganische Verbindungen. Diese Eigenschaft macht Kohlenstoff tatsächlich einzigartig.

Wie kommt es zu diesen besonderen Bindungseigenschaften? Atome bestehen aus einem positiv geladenen Kern und einer Atomhülle, die von negativ geladenen Elektronen gebildet wird. Die Größenverhältnisse sind faszinierend: Wenn man sich ein Atom in der Größe des Olympiastadions in München vorstellt, hat der Kern die Größe eines Fußballs, trägt aber mehr als 99,9 Prozent der Masse. Die Elektronen sind dann auf verschiedenen Energiestufen um den Kern verteilt. Je energiereicher ein Elektron ist, desto weiter vom Kern ist es entfernt. Jede Energiestufe hat eine Maximalbesetzung mit Elektronen.

Ist das energiereichste äußerste Energieniveau nun voll beziehungsweise mit acht Elektronen besetzt, ist dieser Zustand energetisch sehr stabil und wird deshalb angestrebt. Dazu können die Atome sich Elektronen entreißen lassen, sodass das zweithöchste, vollbesetzte Energieniveau zum höchsten wird, oder sie entreißen anderen so viele Elektronen, dass das höchste Niveau voll besetzt wird.

Ziehen die Kerne die Elektronen nun so stark an, dass der Reaktionspartner sie nicht entreißen kann, gibt es noch die Möglichkeit, Atombindungen einzugehen. Dazu teilen sich zwei Atome ein gemeinsames Elektronenpaar, durch das sie dann zusammengehalten werden.

Kohlenstoff hat vier Elektronen im höchsten Energieniveau und kann deshalb vier bindende Elektronenpaare mit Reaktionspartnern bilden. Diese Elektronenkonfiguration genannte Verteilung der Elektronen kommt ebenfalls bei den Elementen Silizium, Germanium, Zinn und Blei vor. Germanium, Zinn und Blei sind Metalle, da deren Hüllen so groß sind, dass die Anziehung des Kerns auf ihre äußeren Elektronen relativ schwach ist, was dazu führt, dass diese ihnen leicht entrissen werden können. Lediglich Silizium weist eine ähnliche Bindungsfähigkeit wie Kohlenstoff auf. Da Siliziumatome deutlich größer sind als Kohlenstoffatome, können sie kaum Doppelbindungen miteinander ausbilden, da dafür die räumlichen Möglichkeiten bei größeren Atomen ungünstiger sind.

So stehen dem Leben mit den organischen Kohlenstoffverbindungen eine fast unbegrenzte Anzahl an unterschiedlichen Molekülen zur Verfügung, die von anderen Elementen, auch vom chemisch ähnlichen Silizium, nicht einmal annähernd erreicht werden.

Die Kohlenstoffketten, die in der Natur vorkommen, sind nie reine Kohlenstoffverbindungen, sondern die Kohlenstoffatome der Kette sind, da sie vier Bindungen eingehen, mit zwei beziehungsweise drei Wasserstoffatomen verbunden. So entstehen sogenannte Kohlenwasserstoffe. Diese sind nicht allzu reaktiv und wasserabweisend. Durch sogenannte funktionelle Gruppen in den Molekülen kommt eine zusätzliche Variationsmöglichkeit hinzu. Diese Atomgruppen im Molekül tragen in der Regel Atome weiterer Elemente wie Sauerstoff, Stickstoff, Schwefel etc. und beeinflussen die Reaktivität stark. Daraus entstehen Alkohole, Aldehyde, Ketone, Carbonsäuren, Amine, Ester und viele weitere Produkte, die alle von Kohlenwasserstoffen stark abweichende Eigenschaften haben. Auch hier ist Silizium dem Kohlenstoff deutlich unterlegen.

Silizium bildet den Kohlenwasserstoffen ähnliche Verbindungen aus: die Silane. Nur reagieren diese sehr schnell mit dem Luftsauerstoff. Die Reaktion von Kohlenwasserstoffen mit Luftsauerstoff - als Beispiel kann das Feuerzeuggas dienen - benötigt wie die Reaktionen von Silanen Aktivierungsenergie, sodass die Reaktionspartner in einen labilen Zustand versetzt werden, aus dem sie abreagieren können. Bei Silanen ist nun diese Aktivierungsenergie so gering, dass die Reaktion schon bei Raumtemperatur abläuft.

Silizium ist das zweithäufigste Element auf und in der Erdkruste und stellt ungefähr einen Anteil von 20 Prozent. Kohlenstoff hingegen deutlich weniger als 0,1 Prozent. Spannend wird es, wenn wir den Blick über die Erde hinaus lenken. Schaut man sich nämlich die Anteile von Kohlenstoff und Silizium in unserem Sonnensystem an, dann liegt der Kohlenstoffanteil sogar etwas höher als der von Silizium.

Die Wissenschaft geht heute davon aus, dass sich organische Moleküle schon im Weltall gebildet haben und dann im Inneren von Kometen auf die junge Erde gelangt sind. Tatsächlich können in Kometen organische Moleküle wie Alkohole, Aldehyde, Carbonsäuren und Ester nachgewiesen werden. Da Kometen hauptsächlich aus gefrorenem Wasser bestehen, überstehen diese Moleküle im Kometeninneren gut den Eintritt in die Erdatmosphäre.

Die meisten Elemente, die leichter sind als Eisenatome, entstehen im Inneren von Sternen und werden dann am Lebensende eines Sterns durch eine gewaltige, Supernova genannte Explosion ins Weltall geschleudert. Dort herrschen extreme Bedingungen, unter denen chemische Reaktionen einsetzen können, und der Kohlenstoff beginnt, Verbindungen einzugehen.

Letztlich kann man sagen, dass alles Leben Sternenstaub ist und die ersten organischen Moleküle wohl aus dem Weltall auf die Erde kamen. Dies war alles nur möglich, weil es ein besonderes unter all den Elementen gibt, das geeignet ist, Leben in solcher Fülle zu ermöglichen: der Kohlenstoff.

16. KEINE ZWEI LINKEN HÄNDE – CHIRALE MOLEKÜLE

Chemische Moleküle können aus exakt den gleichen Atomen bestehen, jedoch ganz unterschiedlich aufgebaut sein. Dies nennt man in der Chemie Isomerie. So bestehen Ether und Alkohol, genauer Dimethylether und Ethanol, jeweils aus einem Sauerstoff, sechs Wasserstoff- und zwei Kohlenstoffatomen. Alleine dadurch, dass die einzelnen Atome in einer anderen Reihenfolge miteinander verknüpft sind, entstehen gänzlich unterschiedliche Stoffe. Diese haben dann auch ganz unterschiedliche chemische und physikalische Eigenschaften. Ethanol siedet bei 78°C und ist gut wasserlöslich, während Dimethylether schon bei -24°C siedet, also bei Raumtemperatur gasförmig und schlecht in Wasser löslich ist. Während Ethanol Rauschzustände verursacht, wirkt Dimethylether narkotisierend.

Nun gibt es Moleküle, bei denen die einzelnen Atome alle in derselben Reihenfolge miteinander verknüpft sind, die sich dennoch unterscheiden. Eine besondere Form ist die Enantiomerie. Hier verhalten sich die beiden Moleküle wie Bild und Spiegelbild, lassen sich aber nicht zur Deckung bringen, da sie keine Symmetrieebene in sich haben.

Ein Beispiel aus dem alltäglichen Leben sind die menschlichen Hände. Um die Handfläche sind die Finger in derselben Reihenfolge angeordnet: Nach dem Daumen kommt der Zeigefinger, dann der Mittelfinger, gefolgt vom Ringfinger und dem kleinen Finger. Die Reihenfolge der Anordnung der Finger ist also bei beiden Händen absolut gleich, nur lassen sich die beiden Hände nicht zur Deckung bringen, sie verhalten sich aber wie Bild und Spiegelbild. Diese Eigenschaft wird bei Molekülen Chiralität genannt. Diese Bezeichnung ist aus dem Griechischen entlehnt und bedeutet »Händigkeit«. Die linke und die rechte Hand sind folglich, chemisch gesehen, chiral und somit Enantiomere.

Chirale Moleküle unterscheiden sich nicht in ihrem Reaktionsverhalten, von Reaktionen mit anderen chiralen Molekülen einmal abgesehen. Auch in ihren physikalischen Eigenschaften stimmen sie, mit einer Ausnahme, überein.

Dieser eine physikalische Unterschied ist der im Verhalten gegenüber linear polarisierten Lichts. Licht kann als elektromagnetische Welle verstanden werden. Diese Lichtwellen schwingen in alle Richtungen. Durch einen Polarisationsfilter werden nun alle Schwingungsebenen bis auf eine herausgefiltert. Trifft nun linear polarisiertes Licht auf eine Lösung von einem der beiden Enantiomere, so wird die Schwingungsebene des polarisierten Lichts im Uhrzeigersinn gedreht. Man spricht dann von einer rechtsdrehenden Verbindung. Das andere Enantiomer ist linksdrehend und dreht die Schwingungsebene des polarisierten Lichts im gleichen Winkel gegen den Uhrzeigersinn.

Bis hierher wäre Chiralität nicht wirklich staunenswert. In der biologischen beziehungsweise biochemischen Wirkung unterscheiden sich Enantiomere aber zum Teil sehr stark. Viele Naturstoffe kommen vor allem oder sogar ausschließlich in Form des einen Enantiomer vor, wie zum Beispiel Einfachzucker oder die Bausteine der Proteine, die Aminosäuren.

Jahrzehnte lang gab es keine sachlogische Erklärung dafür, warum in der Natur nur jeweils ein Enantiomer bevorzugt ist, da es auf der Erde kaum energiereiches polarisiertes Licht gibt und sich die beiden Enantiomere energetisch faktisch nicht unterscheiden, sodass es keinen evolutionären Vorteil für das eine gegenüber dem anderen Enantiomer gibt. Wie im Kapitel 15 »Aus Staub bist Du - Kohlenstoff, das Element des Lebens« schon ausgeführt, weiß man in der Zwischenzeit, dass organische Moleküle im Weltall gebildet werden, im Inneren von Kometen auf die Erde gekommen sind und so eventuell die Entwicklung des Lebens auf der Erde ausgelöst haben.

Im Weltall gibt es Regionen, in denen durch starke Magnetfelder linear polarisiertes Licht erzeugt wird. Dieses kann mit Molekülen, die sich bilden, wechselwirken, sodass eben das eine oder das andere Enantiomer entsteht. Dies wäre eine sachlogische Erklärung, warum Chiralität in der belebten Natur so bedeutsam ist.

Die aktiven Zentren von Enzymen (vgl. Kapitel 26 »Wie Schlüssel und Schloss - Die Wirkungsweise von Enzymen«), in die sich die Stoffe, die umgesetzt werden sollen, einlagern, sind häufig ebenfalls chiral, sodass sich in sie auch nur eines der beiden Enantiomere einlagern und somit umgesetzt werden kann. Viele Rezeptoren, die zum Beispiel der Wahrnehmung chemischer Substanzen dienen, können Enantiomere unterscheiden.

So ist der Stoff Carvon chiral. Das Enantiomer, das linear polarisiertes Licht im Uhrzeigersinn dreht, das (+)-Carvon, hat einen typischen, intensiven Kümmelgeruch, während das (-)-Carvon hingegen intensiv nach Krauseminze, auch als Spearmint bekannt, riecht. Auch die beiden Enantiomere des Limonen duften unterschiedlich: während das (+)-Limonen nach Zitrusfrüchten riecht (und dort zum Teil der Hauptbestandteil des ätherischen Öls ist), riecht das (-)-Limonen nach Terpentin.

Der Wirkstoff α-Phthalimidoglutarimid, Thalidomid genannt, ist ebenfalls chiral und die beiden Enantiomere haben ganz unterschiedliche pharmakologische Wirkungen im menschlichen Körper.

Thalidomid kam Mitte der 1950er-Jahre unter dem Handelsnamen Contergan als Schlaf- und Beruhigungsmittel auf den Markt. Der Wirkstoff Thalidomid schien keinerlei toxische Wirkung zu haben, was ihn als Schlafmittel unschlagbar machte. Schon nach wenigen Jahren kam aber der Verdacht auf, dass Thalidomid in Zusammenhang mit einer Häufung von Missbildungen bei Neugeborenen stehen könnte, was sich später bewahrheitete.

Es zeigte sich, dass das (+)-Thalidomid schlaffördernde Wirkung hat, während (-)-Thalidomid den Embryo schädigt. Bis dann Contergan endlich vom Markt genommen wurde, waren tausende von Kindern zum Teil mit sehr starken körperlichen Schädigungen geboren worden.

Schon Mitte der 1960er-Jahre wurde übrigens festgestellt, dass Thalidomid gegen Lepra eingesetzt werden kann. Es ist bis heute eines der wirksamsten Mittel gegen diese Krankheit.

17. AUSSERIRDISCHES NASS – WOHER DAS WASSER AUF DIE ERDE KAM

Wasser ist der Stoff des Lebens schlechthin und ohne Wasser kann es Leben, wie wir es kennen, nicht geben. Lebewesen bestehen aus 60 bis weit über 90 Prozent aus Wasser. Doch woher stammt das Wasser auf der Erde?

Eins der wichtigsten Bilder der Raumfahrt haben völlig überraschend und außerplanmäßig die Astronauten der Apollo-8-Mission am 24. Dezember 1964 gemacht: Es zeigt den scheinbaren Aufgang unseres Heimatplaneten vor der absolut trockenen und leblosen Wüste des Erdmondes. Die Aufnahme verdeutlicht eines der besonderen Merkmale der Erde, die sie zu einer ausgezeichneten Besonderheit in unserem Sonnensystem und in weiten Teilen des Weltalls macht: Sie ist zum Großteil mit flüssigem Wasser bedeckt, das erst das Leben in dieser Fülle möglich macht.

Etwa zwei Drittel der Erdoberfläche sind mit Wasser bedeckt. Woher es stammt, ist bis heute nicht ganz geklärt. Es gibt drei Möglichkeiten, die als die ursprünglichen Quellen des irdischen Wassers diskutiert werden: der Erdmantel selbst, Kometen und Asteroiden. Alle drei sind auf verschiedene Weise noch immer im wissenschaftlichen »Rennen«, um die Herkunft des Wassers auf der Erde zu klären, und die Wahrheit könnte auch eine Mischung aus allen diesen Möglichkeiten sein.

Man nimmt an, dass unser Planet vor etwa 4,3 Milliarden Jahren entstanden ist. Nach einer glutflüssigen Phase kühlte er sich nach und nach ab und der Erdmantel wurde fest.

Wenn man annimmt, dass das irdische Wasser hauptsächlich aus dem Erdmantel stammt, dann ist die große Frage, wie es die glutflüssige Phase der Erdentstehung überstanden hat. In der frühen Bildungsphase unserer Erde, die auch mit der Zeit der Entstehung des Mondes zusammenfällt, muss die Erde sehr heiß gewesen sein. Die Hitze entstand durch das ständige Aufsammeln von kleinen Planetenbruchstücken durch die immer weiterwachsende Proto-Erde. Manche Wissenschaftler meinen, dass in dieser Zeit kein Platz für Wasser gewesen sei, da es sofort verdampfen musste und ins Weltall entwich. Danach war die anfängliche Erde trocken und ohne Wasser. Nach anderen Modellen verblieb aber ein Teil des Wassers im Erdmantel der Erde, konnte später durch vulkanische Aktivität wieder ausgasen und die junge Atmosphäre befeuchten. Wie viel Wasser die frühe Erde aber tatsächlich in ihrem Mantel nach ihrer Entstehung enthielt, ist sehr unsicher.

Deshalb ging der Blick der Forscher an den Himmel: Kometen und Asteroiden könnten das Wasser auf die Erde eingebracht haben, als sie gerade ziemlich trocken entstanden und nach und nach abgekühlt war. Denn nach dieser ersten Entstehungsphase folgte das, was gemeinhin unter den Astronomen als das »große Bombardement« bezeichnet wird: Die immer größer werdenden Planeten räumten sozusagen ihre Bahnen durch den Einfluss ihrer Schwerkraft leer. Das brachte viele kleinere Körper wie Asteroiden und Kometen zum Absturz auf die gerade entstandenen größeren Körper. Auf dem Mond und dem Mars sind diese Spuren noch deutlich an den großen Kratern zu erkennen. Auf der Erde wurden diese Spuren im Lauf der Zeit durch Plattenverschiebungen, Vulkanismus, Verwitterung und durch das Leben selbst eingeebnet. Was diese außerirdischen Körper allerdings mit auf die Erde brachten, war eine kostbare Fracht: das Wasser, das in diesem Umfang hier noch nicht vorhanden war.

Mittlerweile sind es zwei Klassen von Körpern, die als Kandidaten für die Herkunft des irdischen Wassers gelten: Asteroiden von der Klasse der sogenannten kohligen Chondrite und eine Klasse von Kometen mit besonderer Umlaufbahn. Die kohligen Chondrite sind aus Chondren, kleine Kügelchen aus Silikaten, aufgebaut, die sich zu größeren Körpern verbinden können. »Kohlig« heißen sie deshalb, weil zwischen den Kügelchen einfache Kohlenstoffverbindungen liegen. Es können aber auch komplexere Moleküle dabei sein wie Aminosäuren, die bei der Bildung des Lebens eine Rolle spielen. Darüber hinaus können diese kohligen Chondrite bis zu 20 Prozent an Wassereis enthalten, das sie seit ihrer Entstehung in sich bewahren. Bei einem Sturz auf die Erde bleibt der Großteil des Wassers in einem größeren Körper enthalten, wenn er nicht auseinanderbricht, da die Wärmeleitung in das Innere nur sehr schlecht ist. Nicht ganz unähnlich dieser Klasse von Asteroiden ist eine spezielle Sorte von Kometen. Generell werden diese auch als »schmutzige Schneebälle« bezeichnet, da sie aus sehr viel (Wasser-)Eis und organischem Material bestehen. Aber nicht alle Kometen kommen als Ursprung unseres irdischen Wassers in Frage, da die meisten durch das Wasserstoffisotop Deuterium mehr sogenanntes »schweres Wasser« in sich tragen, als es in den irdischen Ozeanen vorkommt.

Beide besondere Arten von Himmelskörpern entstanden an einem speziellen Ort des frühen Sonnensystems, an dem flüssiges Wasser zwar möglich war, aber meist in seiner gefrorenen Form vorlag. Diese Zone, die in einer ganz bestimmten Entfernung von der neu entstehenden Sonne lag, wird auch die Schneegrenze des entstehenden Sonnensystems genannt, weil Wasser gerade noch als Eis vorlag und somit nicht verdampfen und sich wieder verflüchtigen konnte. Manche meinen sogar, dass dieses Wasser noch aus der Zeit stammen könnte, bevor unsere Sonne entstand. Dann wäre es schon in der Gaswolke vorhanden gewesen, aus der sich unser Sonnensystem erst noch bildete.

Der Kern eines Kometen besteht aus zu Eis erstarrtem Wasser, festem Kohlenstoffdioxid und Kohlenstoffmonoxid sowie Ammoniak und Methan. In diese Masse sind Staubteilchen und Gesteinsschutt eingebettet. Daneben findet man in geringen Spuren organische Moleküle.

Die Wissenschaft rätselt bis heute, wie die ersten organischen Moleküle auf der Erde entstanden sind. Stanley Miller und Harold Urey simulierten 1953 dazu eine angenommene Uratmosphäre. In einem Reaktionskolben mischten sie neben Wasser Ammoniak, Wasserstoff und Kohlenstoffmonoxid. Diese »Ursuppe« erhitzten sie nun über Wochen. Dabei wurde der entstehende Dampf elektrischen Entladungen ausgesetzt, bevor er kondensierte und das Kondensat wieder zurückfloss. Tatsächlich konnten dann in der »Ursuppe« zahlreiche organische Moleküle bis hin zu einfachen Aminosäuren, die Bausteinen der Proteine, gefunden werden. Aminosäuren und Zucker sind chirale Moleküle (vgl. Kapitel 16 »Keine zwei linken Hände – Chirale Moleküle«). Das bedeutet, dass darin die Atome in der exakt selben Reihenfolge verknüpft, aber dennoch nicht deckungsgleich sind, sondern sich wie Bild und Spiegelbild verhalten. Solche Enantiomere genannte Moleküle haben exakt dieselben chemischen Eigenschaften. Unterschiede gibt es jedoch in der biologischen Wirkung und im Verhalten gegenüber polarisiertem Licht. Das heißt, dass Enantiomere mit diesem Licht unterschiedlich wechselwirken.

In der Natur kommt von Aminosäuren und Zuckern jeweils nur ein Enantiomer vor, was schwer erklärbar ist, denn bei chemischen Reaktionen, so auch beim Miller-Urey-Experiment, entstehen beide Enantiomere immer zu gleichen Teilen. Der Energieunterschied zwischen den beiden Enantiomeren ist ebenfalls verschwindend gering.

Nun hat man auch in Kometen organische Moleküle gefunden sowie einfache Aminosäuren. Während auf der Erde kaum linear polarisiertes Licht vorhanden ist und die vorhandene polarisierte Strahlung sehr energiearm ist, kommt diese im Universum in deutlich höherem Anteil und viel energiereicher vor. So ist die Strahlung von Neutronensternen zum Teil polarisiert, auch die Strahlung von weißen Zwergen und aktiven Galaxienkernen ist es zu einem geringen Anteil. So besteht die Vermutung, dass zumindest die organischen Moleküle, aus denen sich das erste Leben zusammensetzte, eventuell im Inneren von Kometen mit dem Wasser aus dem Weltall auf die Erde kamen.

Nachdem Leben auf der Erde entstand, produzierten einige Bakterienarten selbst Wasser. So setzten, angetrieben durch die Sonnenenergie, Schwefelbakterien Schwefelwasserstoff und Kohlenstoffdioxid, die in der Uratmosphäre der Erde vorhanden waren, zu Methan, Schwefel und eben Wasser um.

Wie auch schon bei anderen Grundlagen des Lebens auf der Erde ergibt sich hier bei näherem Hinsehen, dass der Naturprozess ein fantastisches Zusammenspiel mehrerer voneinander unabhängig scheinender Aktionen ist, die aber miteinander entscheidend den Ausgangspunkt für die weitere Entwicklung des Lebens auf unserer Erde bildeten.

18. NICHT GANZ DICHT – DIE DICHTEANOMALIE DES WASSERS

Wenn es im Winter einige Tage sehr kalt ist, gefrieren Gewässer an der Oberfläche, es bildet sich eine Eisschicht. Ein Vorgang, den jeder kennt und der zunächst sehr trivial erscheint. Tatsächlich ist das sehr ungewöhnlich, da die meisten Substanzen »von unten her« erstarren. Wasser bildet da eine echte Ausnahme. Man bezeichnet sie als Dichteanomalie. Nur weil es dieses Phänomen gibt, können Wasserlebewesen in kalten Regionen den Winter überdauern, denn am Grund von Seen bleibt immer ein Reservoir von 4°C warmem, flüssigem Wasser erhalten, in dem sie überleben können. Was steckt also hinter dieser Dichteanomalie?

Die Materie kann in drei Zustandsformen, den sogenannten Aggregatzuständen, vorkommen: fest, flüssig und gasförmig (der vierte Aggregatzustand, das Plasma, spielt für die nachfolgenden Überlegungen keine Rolle). Dabei gibt es zwei Perspektiven: die Teilchenebene und die Stoffebene. In einem Fall schaut man sich die kleinsten Teilchen an, also das Verhalten der Wassermoleküle oder der Eisenatome, im anderen Fall das Verhalten des flüssigen, festen oder gasförmigen Wassers oder Eisens.

Die kleinsten Teilchen bewegen sich ständig. Vereinfacht kann man sagen: Je schneller beziehungsweise heftiger sich die Teilchen bewegen, aus denen ein Stück Materie besteht, desto höher ist die Temperatur dieses Stücks Materie.

Wird nun Materie erhitzt, also Energie zugeführt, dann bewegen sich die Teilchen, aus denen sie besteht, heftiger.

Teilchen ziehen sich aber untereinander auch an. Beide widerstreitende Phänomene sind nun für den jeweiligen Aggregatzustand wichtig.

Beim festen Aggregatzustand schwingen die Teilchen in festen Positionen zueinander. Die Bewegungsintensität der Teilchen ist nicht allzu hoch und durch die gegenseitige Anziehung zwingen sie sich auf diese festen Positionen zueinander, um die sie schwingen. Auf der Stoffebene ist die Materie fest, denn die Teilchen können diese sogenannten Gitterplätze nicht verlassen. Wird mehr Energie zugeführt, zum Beispiel durch Erhitzen, schwingen die Teilchen heftiger. Sie treffen aufeinander, stoßen sich ab und geben so Bewegungsenergie von Teilchen zu Teilchen weiter. Irgendwann schwingen die Teilchen so heftig, dass sie sich nicht mehr auf diese Gitterplätze zwingen können. Die Struktur bricht auseinander, auf der Stoffebene ist das nun als Schmelzen zu beobachten. Die Teilchen ziehen sich immer noch an, aber die Ordnung ist nicht mehr gegeben. Die Materie befindet sich im flüssigen Aggregatzustand. Wird noch mehr Energie zugeführt, bewegen sich die Teilchen noch schneller. Sie stoßen immer heftiger aufeinander, prallen voneinander ab, sodass der Abstand zwischen ihnen immer größer wird. Irgendwann ist der Abstand der Teilchen zueinander so groß, dass sie keine Anziehung mehr aufeinander ausüben können. Sie verlassen nun das Aggregat. Auf der Stoffebene ist der Siedepunkt erreicht, die Materie tritt in die Gasphase über.

Dabei wird nun Folgendes klar: Je schneller die Teilchen schwingen beziehungsweise sich bewegen, also je höher die Temperatur der Materie ist, desto weiter sind die Teilchen voneinander entfernt. Sie sind nicht mehr so dicht gepackt, die Dichte der Materie wird also geringer. Das bedeutet, dass ein bestimmtes Volumen dieses Stoffes nun eine geringere Masse hat (es »wiegt« also weniger) beziehungsweise eine bestimmte Masse der Materie nun mehr Raum einnimmt.

Im Alltag heißt das: Bei Erwärmung dehnt sich Materie aus und bei Abkühlung zieht sie sich zusammen. So kann man es zum Beispiel bei Metallen beobachten, die sich im Winter zusammenziehen und im Sommer ausdehnen. Deshalb gibt es an beiden Seiten moderner Brücken Dehnungsfugen. Dieses Verhalten zeigen eigentlich die meisten Stoffe - bis auf Wasser.

Beinahe jeder hat das schon einmal selbst meist leidvoll erfahren, wenn nämlich eingefrorene Wasserleitungen oder Wasserbehälter, die im Garten vergessen wurden, platzen, da sich das Eis ausdehnt. Doch warum ist es bei Wasser so anders als bei den übrigen Stoffen?

Wassermoleküle sind aus einem Sauerstoffatom und zwei Wasserstoffatomen aufgebaut, wobei das Sauerstoffatom in der Mitte sitzt. Die beiden Wasserstoffatome sind nun so angeordnet, dass das Molekül einen gewinkelten Bau hat. Die drei Atome bilden einen Winkel von knapp 105 Grad zueinander. Im gasförmigen Aggregatzustand sind die Moleküle so weit voneinander entfernt, dass sie keine Wechselwirkungen zueinander haben, wie es bei allen anderen Stoffen auch der Fall ist. Kühlt man das Wasser ab, verlangsamt sich die Bewegung der Wassermoleküle immer mehr. Irgendwann sind sie so langsam, dass sie sich gegenseitig anziehen, was sich auf der Stoffebene als Kondensieren äußert. Dabei ziehen sich die Wasserteilchen in einer ganz besonderen Art und Weise an, die in der baulichen Besonderheit des Wassermoleküls begründet liegt: Das Sauerstoffatom im Wassermolekül ist etwas stärker negativ, als es eigentlich sein sollte, die beiden Wasserstoffatome etwas positiver. So ziehen sich die Wassermoleküle, die nach außen hin immer noch ungeladen sind, gegenseitig an. Zwischen einem Wasserstoffatom eines Wassermoleküls und dem Sauerstoffatom eines anderen Moleküls herrschen außergewöhnlich große Anziehungskräfte, die vom Chemiker Wasserstoffbrücken genannt werden. Diese Wasserstoffbrücken sind verantwortlich, dass sich Wassermoleküle bei noch relativ schneller Bewegung gegenseitig anziehen und Wasser schon bei Temperaturen flüssig wird, bei denen vergleichbare Verbindungen gasförmig sind. Übrigens sind eben diese Wasserstoffbrücken dafür verantwortlich, dass Wasser auf der Erde flüssig bleibt und so Leben entstehen konnte.

Zurück zur Dichteanomalie. Wird das nun flüssige Wasser weiter abgekühlt, bewegen sich die Wassermoleküle noch langsamer, ziehen sich immer stärker an und lagern sich immer dichter aneinander. Die Dichte des Wassers nimmt weiter zu (in einem bestimmten Volumen Wasser sind immer mehr Wassermoleküle enthalten). Bis hierher unterscheidet sich Wasser erst einmal nicht von allen anderen Stoffen: je kälter, desto höher die Dichte des Stoffes. Das bleibt so bis zu einer Temperatur von 4°C. Aufgrund des gewinkelten Baus lagern sich die Wassermoleküle nun in einer ganz besonderen Art und Weise zusammen: Jedes Wassermolekül ist von vier anderen umgeben. Dabei geht es über sein Sauerstoffatom jeweils mit einem Wasserstoffatom von zwei benachbarten Wassermolekülen eine Wasserstoffbrücke ein. Wegen des gewinkelten Baus entsteht nun ein dreidimensionales Netz aus Wassermolekülen, in dem immer acht Wassermoleküle einen Raum in diesem Netz bilden, in dem sich kein weiteres Wassermolekül befindet. Die Moleküle haben einen größeren Abstand zueinander, als es zu erwarten wäre. Dieses Netz beginnt sich bei 4°C an vielen Stellen im flüssigen Aggregatzustand auszubilden, und je langsamer die Teilchen sich bewegen beziehungsweise schwingen, desto größer werden diese Bereiche. Am Gefrierpunkt vereinigen sich diese Teilnetze zu einem großen. Je langsamer die Wassermoleküle schwingen, desto genauer ordnen sie sich in dieses Netz ein und brauchen deshalb immer mehr Platz. Die Dichte nimmt immer mehr ab. Deshalb schwimmt Eis auf dem Wasser.

Diese Dichteanomalie ermöglicht es Wasserlebewesen, auch in kälteren Regionen in stehenden Gewässern wie Seen zu überleben. Im Herbst kühlt das Wasser immer weiter ab. Das kalte Wasser sinkt also zum Grund des Sees. Das setzt sich fort, bis das Wasser 4°C hat. Kühlt es weiter ab, verringert sich die Dichte wieder und das noch kältere Wasser steigt nach oben, bis es an der Oberfläche gefriert. Das Eis isoliert jetzt den See nach oben hin, sodass das weitere Abkühlen des Wassers immer langsamer vorangeht. Das Wasser mit der höchsten Dichte bei 4°C bleibt ganz unten im See. Solange der See tief genug ist, ist am Grund immer flüssiges, 4°C warmes Wasser vorhanden, in dem Fische, Amphibien und Insekten überwintern können. Gäbe es die Dichteanomalie des Wassers nicht, würde der See von unten her zufrieren und immer schneller auskühlen, die Wasserlebewesen einfach erfrieren.

19. AUS EINFACH MACH KOMPLEX – DIE PHYSIKALISCHE EVOLUTION

Evolution ist heute keine fragliche Theorie mehr, sondern vielmehr eine beobachtete Tatsache in der Natur. Davon abzugrenzen sind sicherlich Übertreibungen dergestalt, dass in ihr nur ein blinder Zufall ohne Richtung und Sinn waltet. Dies würde bedeuten, die Evolution als Beweis für eine rein materielle Welt, die keine tieferen Bezüge kennt, zu missbrauchen.

Eine Entwicklung von einfacheren Formen der Materie hin zu komplexeren Formen lässt sich schon gleich nach der Phase des Urknalls beobachten. Aus den entstandenen Gaswolken bildeten sich die ersten Sterne. Man vermutet, dass sie sehr massereich waren und daher nur einige Millionen Jahre im frühen Kosmos strahlten, bevor sie in gewaltigen Explosionen auseinanderflogen und es zur Bildung neuer Sterne kam. Sterne an sich sind noch keine qualitative Höherentwicklung der Materie, aber in ihnen entsteht durch Kernfusion etwas entscheidend Neues: Atome mit schwereren Kernen aus Wasserstoff und Helium. Nicht umsonst bezeichnen Astronomen, die sich auf Sterne spezialisiert haben, abweichend von der chemischen Definition alle Atome außer Wasserstoff und Helium als »Metalle«. Sie verdanken sich eines ersten Entwicklungsschrittes in Sternen. Mit den Sternen entstehen die ersten Galaxien, Sternsysteme von gewaltigen Ausmaßen, die Milliarden von Sternen beherbergen. Wieder ein nächster Entwicklungsschritt für die Organisation der Materie, der auch anders hätte ausfallen können, wenn unser Universum nicht geradezu zur Bildung der Galaxien neigen würde.

Hintergrund dafür sind, bildlich gesprochen, Keime von Schwerkraftinseln, die sich aus dem Anfang mit einer zufälligen Verteilung ergeben haben.

Entscheidend beim Werden und Vergehen der Sterne ist eine physikalische Evolution, die zunächst wie ein Abfallprodukt erscheinen mag: Aus den ersten »leichten« Elementen Wasserstoff und Helium entstehen die schwereren Atomsorten wie Sauerstoff, Kohlenstoff und Eisen. Beim Element Eisen hört allerdings die Möglichkeit der Energiegewinnung durch Kernfusion für einen Stern auf. Er bricht unter seiner Schwerkraft zusammen und explodiert. Erst wenn Sterne in einer gewaltigen Explosion vergehen, entstehen noch weitere Arten von Atomen bis hin zum Uran. Die durch Kernfusion neu gebildeten und schwereren Atomsorten werden mit den anderen ins Weltall hinausgeschleudert und expandieren zunächst in ihre Umgebung hinein. Im Lauf der Zeit bilden aber diese in ihrer Zusammensetzung veränderten Gaswolken mit dem schon vorhandenen interstellaren Gas neue Wolken. Aus diesen entstehen wiederum neue Sterne, die aber eine leicht veränderte Zusammensetzung haben: Sie tragen von Anfang an mehr »Metalle« – also auch Kohlenstoff, Sauerstoff, Stickstoff und andere Atome – in sich.

Die physikalische Evolution machte erst die chemische Evolution möglich. Nachdem ein Stern sein Leben beendet und seine Atome an den interstellaren Raum zurückgegeben hat, können sich in diesen Gaswolken neue, jetzt chemische Verbindungen bilden. Mit dem Sauerstoff tauchen die ersten Metalloxide wie Titanoxid auf. Kohlenstoff, Sauerstoff, Stickstoff und Wasserstoff bildeten die ersten Bausteine der organischen Chemie, wenn auch in ihrer einfachsten Form.

Durch das Element Silizium bildeten sich andere Moleküle und lassen so etwas wie »Staub« entstehen, aus dem nach Milliarden von Jahren die ersten Planeten neben den Sternen entstehen. Auf diesen Planeten sind die Temperaturen um einiges niedriger als in den Sternen selbst, sodass sich größere Molekülketten bilden konnten.

Heute klärt sich auch mehr und mehr, wie Planeten mit ihren Sternen entstehen. Dabei beginnt dieser Prozess bei mikroskopisch winzigen Molekülansammlungen, die sich aneinander anlagern und nach und nach größere Formen annehmen. Auch Wasser und Eis spielen eine wichtige Rolle beim Zusammenhalt dieser Vorläufer von Planetenbruchstückchen. Die Bruchstücke sammeln sich durch den Einfluss der Schwerkraft zu immer größeren Körpern, bis über einigen Jahrmillionen daraus Planeten entstehen. Sie benötigen dazu eine ähnlich lange Zeit wie ihre Zentralsterne brauchen, damit aus einer sich zusammenziehenden Gaswolke fertige Sterne werden.

Vor einigen Milliarden Jahren ging unsere Sonne aus einer solchen Materiewolke hervor, die nicht nur Bestandteile des Anfangs unseres Universums in sich trug, sondern auch schon die vergangene Geschichte mindestens dreier Sterngenerationen. Mit der Sonne bildete sich zudem ein Planetensystem, das sozusagen keine Besonderheit im Universum darstellt. Noch streiten sich die Fachastronomen, ob die Erde ein besonderer Fall unter den Planeten ist, denn einerseits gibt es Milliarden von Planeten alleine in unserer Galaxie, andererseits sind die Bedingungen für intelligentes Leben sehr speziell: Es braucht eine hohe Stabilität der Bedingungen über einen Zeitraum von Milliarden Jahren, damit es werden kann. Berechnungen von Wissenschaftlern ergaben, dass es aufgrund der großen Anzahl von Sternen ungefähr fünfzig »habitable« Planeten in unserer Milchstraße geben könnte, das heißt Planeten, auf denen Leben entstehen kann. Höher entwickeltes, intelligentes Leben ist aber noch einmal etwas ganz anderes.

Die Materie ist von ihren Eigenschaften her darauf angelegt, sich in immer komplexeren Strukturen zu organisieren. Zufall und die Möglichkeit zu einer höheren Weiterentwicklung sind wichtige Triebfedern im vielgestaltigen Ablauf der Evolution. Dabei spielt der Zufall auf zwei Ebenen: die Unbestimmbarkeit auf der Ebene der Quantenwelt in den kleinsten Bausteinen der Natur und bei der Kombination von Erbinformationen in Lebewesen selbst. »Zufall« ist hier aber nicht zwingend gleichbedeutend mit »sinnlos«, sondern meint vielmehr »frei« und »nicht festgelegt«. Evolution ohne zufällige Freiheitsgrade ist nicht die Vorgehensweise der Natur. Der Zufall gehört dazu, er ist ein unerschöpflich schöpferisches Reservoir, das der Natur innewohnt und in ihr wirkt.

Die Entwicklung des Weltalls in seinem ersten Werden ist schon überaus erstaunlich. Die nächsten Schritte, nur auf der physikalisch Ebene betrachtet, sind zwar einfach, aber nicht weniger komplex und verwunderlich. Man mag dahinter nur eine Natur sehen, die sich nach eigenen Gesetzen organisiert. Man kann aber auch in dieser Entwicklungsgeschichte mit einem tieferen Blick ein »Wozu« erkennen, das in der Fähigkeit der Materie zur Selbstorganisation bis hin zu Lebendigkeit liegt. Ein Leben, das sich nicht nur blinden Zufällen verdankt, sondern einen Ursprung in einer gewollten Schöpfung Gottes hat.

20. WAS WIR MIT BAKTERIEN GEMEINSAM HABEN – DER GENETISCHE CODE

Die Trägersubstanz der Erbinformation ist die Desoxyribonukleinsäure DNS, oder, mit der englischen und allgemein gebräuchlichen Bezeichnung DNA (*deoxyribonucleic acid*).

Die DNA besteht aus zwei Strängen, die ein strickleiterartiges Makromolekül bilden. Dabei werden die »Holme« der »Leiter« von einer Abfolge von Phosphat und dem Zucker Desoxyribose gebildet. Die »Sprossen« sind jeweils ein Paar organischer Basen, die mit der Desoxyribose verbunden sind. Die DNA ist schraubenartig zu einer sogenannten Doppelhelix gewunden, wobei beide Stränge parallel zueinander verlaufen und um eine gemeinsame Achse gewunden sind.

Für die Codierung der Erbinformation sind aber die organischen Basen, die die Sprossen der Strickleiter bilden, entscheidend. Es gibt vier davon: Thymin, Adenin, Guanin und Cytosin, die mit den Buchstaben T, A, G und C abgekürzt werden. Dabei bilden immer Adenin und Thymin sowie Guanin und Cytosin ein Basenpaar. Andere Paarungen sind aufgrund des räumlichen Baus der Basen nicht möglich. Die DNA im Zellkern einer jeden menschlichen Zelle hat knapp 3,3 Milliarden Basenpaare und eine Gesamtlänge von etwa 1,8 Metern. Um diese Fülle unterzubringen, ist die DNA in Stücke unterteilt, die dann mehrfach sehr stark spiralisiert sind und, auf Proteine gewickelt, Chromosomen bilden.

Ausgehend von der Information der DNA werden Proteine von der Zelle produziert. Dies können zum einen Strukturproteine sein wie zum Beispiel die Hornsubstanz Keratin oder das Bindegewebsprotein Collagen. Hauptsächlich sind dies jedoch Enzyme, also Proteine, die chemische Reaktionen in einer Zelle erst ermöglichen. Ein Abschnitt auf der DNA, der die Information für die Produktion eines Proteins enthält, wird Gen genannt. Die Produktion der Proteine geht allerdings nicht von der DNA direkt aus. Soll ein solches hergestellt werden, wird nur vom entsprechenden Gen eine Kopie erstellt. Die Trägersubstanz dieser Kopie ist nicht die DNA sondern die RNA, Ribonukleinsäure (englisch: *ribonucleic acid*), genauer die Boten-RNA oder m-RNA (englisch: *messenger*). Die m-RNA wird aus dem Zellkern ausgeschleust und dann zum Ort der Proteinproduktion in der Zelle geschafft.

Proteine sind vereinfacht gesagt Ketten aus Aminosäuren, die sich dann zu dreidimensionalen Strukturen falten (vgl. Kapitel 26 »Wie Schlüssel und Schloss – Die Wirkungsweise von Enzymen«). Dabei kommen in der Natur eigentlich nur zwanzig Aminosäuren zum Einsatz, ob es sich nun um Proteine eines Tiers, einer Pflanze oder einer Bakterie handelt. Man spricht deshalb auch von proteinogenen Aminosäuren.

Die dreidimensionale Struktur ergibt sich, wenn am richtigen Ort die richtige Aminosäure in der Kette eingebaut ist. Diese geht dann mit einer anderen Aminosäure, die an einer passenden Stelle in der Kette eingebaut wurde, Wechselwirkungen ein, was dazu führt, dass sich die Aminosäurekette richtig faltet. In einem Gen ist also die Abfolge der zwanzig proteinogenen Aminosäuren und deren Gesamtanzahl festgelegt. Diese Information steckt nur in einem der beiden DNA-Stränge, der andere dient lediglich als Vorlage zur Synthese der m-RNA.

Der genetische Code liegt in der Abfolge der vier organischen Basen Thymin, Adenin, Guanin und Cytosin. Dabei kann logischerweise nicht eine Base für eine Aminosäure stehen, denn dann wären nur vier Aminosäuren codierbar, eine durch Thymin, eine durch Adenin, eine durch Guanin und eine durch Cytosin. Auch bei einer Abfolge von zwei Basen gäbe es nur sechzehn unterschiedliche Kombinationen, die für zwanzig Aminosäuren nicht ausreichen. Deshalb steht eine Dreierfolge von Basen, ein sogenanntes Basentriplett, für eine Aminosäure. So steht zum Beispiel das Basentriplett Adenin-Guanin-Cytosin, also AGC, für die Aminosäure Serin und CCA für die Aminosäure Prolin.

Bei vier unterschiedlichen Basen in Dreierfolge ergeben sich dann rein mathematisch 64 mögliche Tripletts, weshalb es für einige Aminosäuren mehrere Tripletts gibt. Beispielsweise steht das Basentriplett GAG genauso für die Aminosäure Glutaminsäure wie das Triplett GAA. Für die Aminosäure Tryptophan gibt es nur ein Triplett, wohingegen für die Aminosäure Arginin sogar sechs Tripletts codieren.

Bei komplexeren Lebewesen werden die Aminosäureketten dann in der Zelle noch modifiziert, sodass eine größere Variantenbreite an Proteinen gebildet werden kann.

Zudem codiert nicht die ganze DNA Proteine, sondern größere Bereiche der DNA haben dabei keine Funktion (mehr). Dabei gilt: Je komplexer ein Lebewesen ist, desto größer sind diese nicht codierenden Bereiche. Es wird angenommen, dass sie im Lauf der Evolution funktionslos geworden sind, aber erhalten blieben und nun einfach nicht mehr für die Herstellung der Boten-RNA verwendet werden. Beim Menschen machen diese Bereiche gut 45 Prozent der gesamten DNA aus.

Der genetische Code ist bei allen bekannten Lebewesen im Prinzip gleich. Bei einigen werden vielleicht ein oder zwei andere oder zusätzliche Aminosäuren eingebaut, aber das Prinzip ist überall gleich. Das bedeutet, dass eine Bakterie prinzipiell auch ein menschliches Gen »versteht« und ein entsprechendes Protein herstellen kann. Diesen Umstand macht man sich zum Beispiel in der Medizin zunutze: gentechnisch veränderte Bakterien stellen menschliches Insulin her, das dann an Diabetes erkrankten Menschen das Leben rettet.

21. WARUM DARWIN KEINE PFAUEN MOCHTE – SEXUELLE SELEKTION BEI TIEREN

Bis ins 18. Jahrhundert verstand man die Bibel wörtlich, insbesondere auch die Schöpfungsgeschichte. Nach und nach widersprachen Naturforscher jedoch der Ansicht, dass Gott die Welt in sieben Tagen erschaffen hatte. Vor allem erklärten sie, dass Arten einer Evolution, also einer Veränderung unterliegen und auf diese Weise neue Arten entstehen und andere verschwinden.

In seinem 1859 veröffentlichten bahnbrechenden Werk »On the Origin of Species by Means of Natural Selection« (»Über die Entstehung der Arten durch natürliche Zuchtwahl«), das auf jahrzehntelanger Beobachtungen beruhte, legte Charles Darwin eine umfassende Theorie zur Entstehung von Arten vor: Jede Art erzeugt mehr Nachkommen als aufgrund der vorhandenen Ressourcen überleben können. Die vielen Nachkommen weisen kleine, erbliche Variationen in Bau und Verhalten auf, die auch bei deren Nachkommen auftreten. Andererseits bleibt die Anzahl der Einzellebewesen über einen langen Zeitraum gesehen halbwegs konstant, weshalb es aufgrund der Überproduktion an Nachkommen zu einer hohen Sterblichkeit unter diesen kommt. Das führt zu einem Kampf ums Dasein, in dem die Träger vorteilhafter Merkmale mit einer höheren Wahrscheinlichkeit überleben. Diese können somit ihre Erbanlagen an die nächste Generation weitergeben, was Darwin »natürliche Zuchtwahl« nannte. Erst 1864 prägte der britische Philosoph Herbert

Spencer den Begriff »survival of the fittest«, den Darwin in der 5. Auflage seines Werks übernahm. Im Deutschen wird das am besten mit »Überleben des am besten Angepassten« übersetzt. Diese Theorie fand schnell weltweite Anerkennung und setzte sich durch, hatte aber auch - übrigens bis heute - erbitterte Gegner.

Als Argument gegen die Thesen von Darwin führten sie den Blauen Pfau, *Pavo cristatus*, an. Dessen lange Schleppe und seine sehr auffällige Färbung schienen dem »survival of the fittest« entgegenzustehen, denn welchen Sinn, welchen Vorteil sollten diese Merkmale haben und wie sollten sie durch kleine zufällige Variationen entstanden sein? Darwin war überfragt und der Anblick eines Pfauhahns war ihm zuwider, schien er doch durch seine bloße Existenz seine wohldurchdachte und fundiert erforschte Theorie zu widerlegen.

Erst nach und nach entdeckte er, dass bei der Selektion auch die Pfauhennen ein gewichtiges Wort mitzureden hatten, denn sie wählten ihren Partner aus. Schließlich konnte er den selektiven Vorteil der langen Federschleppe und der bunten Befiederung durch sexuelle Selektion erklären, denn das prächtige Gefieder und die lange Schleppe erhöhen die Chance eines Pfauhahns auf Paarung mit einem Weibchen stark. Hier betreiben also die Weibchen »natürliche Zuchtwahl«.

Die Ursache liegt darin, dass die für die Selektion nötigen Variationen der Nachkommen nur durch geschlechtliche Fortpflanzung erreicht werden können. Bei einer geschlechtlichen Fortpflanzung verschmelzen nach der Paarung oder Bestäubung eine Eizelle und eine Spermazelle miteinander. Nun sind die meisten vielzelligen Tiere diploid. Das heißt, sie haben in jeder einzelnen Zelle zwei Chromosomensätze.

Chromosomen bestehen aus auf kugelförmigen Proteinen aufgewickelter, stark spiralisierter DNA. Auf der DNA liegen die Gene, auch Erbanlage oder Erbfaktor genannt, ein DNA-Abschnitt, der die Information für ein Protein enthält.

Die DNA einer Zelle ist auf die Chromosomen aufgeteilt. Beim Mensch sind dies 23 Chromosomen. Bei den diploiden Lebewesen liegen nun zwei Chromosomensätze vor, also beim Mensch 46 oder genauer 23 Chromosomenpaare. Dabei kommt ein Chromosomensatz von der Eizelle, also letztlich von der Mutter, und einer von der Spermazelle, also vom Vater.

Nun haben zwar beide Chromosomensätze identische Gene, aber deren Ausführungsbestimmung, das Allel, kann unterschiedlich sein. So hat zum Beispiel die Erbse *Pisum sativum* auf beiden Chromosomensätzen das Gen Blütenfarbe. Beim einen Chromosomensatz kann das Allel »rot« und beim anderen »weiß« sein. Im Fall der Erbse dominiert nun das Allel »rot« über das Allel »weiß« und die Erbse blüht rot. Es gibt aber auch Allele, bei denen nicht eines über das andere dominiert, sondern beide zum Zug kommen. Dies ist beispielsweise bei der Wunderblume *Mirabilis jalapa* so. Hier würde eine Pflanze, die für das Gen Blütenfarbe die Allele »rot« und »weiß« trägt, rosa blühen.

Nun haben Ei- und Spermazellen nur einen einfachen Chromosomensatz, sie sind haploid. Erst bei der Verschmelzung der beiden, bei der Befruchtung, entsteht wieder eine diploide Zelle, aus der sich dann ein diploides Lebewesen entwickelt. Die Mutter kann also an den Nachwuchs nur die Hälfte ihres eigenen Erbguts weitergeben, die andere Hälfte kommt vom Vater. Deshalb sind Weibchen bestrebt, das möglichst beste Erbmaterial für ihren Nachwuchs zu bekommen. Schließlich investieren sie sehr viel in ihn.

Um bei unserem Beispiel zu bleiben: eine Pfauhenne mit einer Körpermasse von 2,5 bis 4 Kilogramm legt zwischen 3 und 7 Eier, die eine Masse von gut 100 Gramm haben. Dies entspricht je nachdem ein bis zwei Zehntel des eignen Körpergewichts. Dabei greift sie, da das Gelege innerhalb weniger Tage komplett sein muss, kräftig auf Körperreserven zurück. Auch die anschließende Brutzeit von 28 Tagen zehrt stark an der Henne. Deshalb sollen die Küken das beste Erbgut haben, um sich im Kampf ums Dasein durchsetzen zu können.

Pavo cristatus lebt in Vorderindien in lichten Wäldern, Dornbuschgestrüpp und in hohen Elefantengras-Dschungeln. Hier sind Schleppe und bunte Färbung eher hinderlich. Sie werden durch Raubtiere leichter erkannt und haben es durch die lange Schleppe schwerer, zu entkommen. Nur die gesündesten und fittesten Hähne können zum einen eine lange und prächtige Schleppe ausbilden und zudem überleben. Sie haben also vorzügliche Erbanlagen, die die Henne für ihren Nachwuchs haben möchte. Wird die Schleppe allerdings zu lang, verringern sich die Überlebenschancen erheblich. So sorgen die Pfauhennen für eine möglichst lange Schleppe, während die Raubtiere deren Länge begrenzen.

22. KLEINER STINKER – WIE DER ARONSTAB BESTÄUBER ANLOCKT

Sexuelle Fortpflanzung sorgt für große Varianz bei den Nachkommen, was letztlich die Voraussetzung für evolutionäre Vorgänge ist (vgl. Kapitel 21 »Warum Darwin keine Pfauen mochte – Sexuelle Selektion bei Tieren«).

Nun können Pflanzen entweder getrennt geschlechtlich sein, das heißt rein männlich oder rein weiblich. Solche auch zweihäusig genannten Pflanzen sind zum Beispiel Kiwi oder Sanddorn. Dann gibt es einhäusige Pflanzen, die sowohl weibliche als auch männliche Blüten auf derselben Pflanze tragen. Bei einhäusig-getrenntgeschlechtlichen Pflanzen gibt es auf derselben Pflanze männliche und weibliche Blüten, die voneinander getrennt sind. Dies ist bei Hasel, Birke oder Eibe der Fall. Bei zwittrigen Blüten, wie sie beim Apfel-, Kirsch- oder Birnbaum, der Erdbeerpflanze oder der Tulpe zu beobachten sind, kommen die männlichen Staubblätter und die weiblichen Fruchtblätter in einer Blüte vor.

Bei zweihäusigen Pflanzen kann es nicht zur Selbstbestäubung kommen, bei den anderen schon. Deshalb haben letztere Mechanismen entwickelt, das zu verhindern, denn darunter würde die genetische Variabilität der Nachkommen leiden.

Eine ganz besondere Art, Selbstbestäubung zu verhindern, hat der gefleckte Aronstab *Arum maculatum* entwickelt. Diese Pflanze wächst in feuchten Buchen- und Auwäldern. Aus der braunen unterirdischen Knolle treiben im zeitigen Frühjahr pfeilförmige dunkelgrüne Blätter an langen Blattstielen, die häufig braun gefleckt sind. In der Mitte treibt ein grünlichweißes Hochblatt, die Spatha, aus, die den Blütenstand, einen braunvioletten fleischigen Kolben, umschließt. Von diesem hat die Pflanze ihren Namen, denn er erinnert an Aaron aus dem Stamm Levi, dessen Stab über Nacht grün wurde (Numeri 17,21–23).

Die Spatha ist unten kesselartig ausgebuchtet und im oberen Teil tütenförmig. Am Blütenstand sitzen auf der Höhe, in der bei der Spatha der Kessel in den oberen Teil übergeht, abwärts gerichtete Haare, die Sperrborsten. Darauf folgt nach unten hin ein Kranz aus Staubblättern, den männlichen Blüten, die durch einen Ring kleiner Borsten von den ganz unten liegenden weiblichen Blüten, den Fruchtblättern, getrennt sind.

Die verdickte Kolbenspitze entwickelt einen abstoßenden Harngeruch und wird dabei auch noch warm. Die Erwärmung wird durch den oxidativen Abbau von Stärke erreicht. Dadurch heizt sich der Kolben bis auf 35°C auf und ist so im Frühjahr deutlich wärmer als die Umgebung. Das Verstärkt das Verströmen des Harngeruchs, was nun Fliegen anlockt. Wenn diese sich auf der Spatha oder dem Kolben niederlassen, finden sie keinen Halt, da die Oberfläche mit feinen Öltröpfchen überzogen ist. Sie rutschen also unaufhaltsam nach unten. Auch auf den nach unten gerichteten Sperrborsten gleiten sie aus und erreichen so den Kessel, in dem sie nun gefangen sind. Die Kesselwände sind ebenfalls mit feinen Öltröpfchen besetzt, sodass die Fliegen auch hier keinen Halt finden, um zurück nach oben zu krabbeln. Sie versuchen nun zu entkommen und krabbeln aufgeschreckt im Kesselinneren umher oder fliegen nach oben in Richtung Licht, werden aber von den Sperrborsten zurückgehalten.

Einige dieser Fliegen waren höchstwahrscheinlich schon zuvor im Kessel eines anderen Aronstabs gefangen und sind nun mit dessen Blütenstaub bedeckt. Bei ihren Fluchtversuchen streifen sie die Pollen an den Narben der reifen weiblichen Blüten ab und bestäuben diese. Die weiblichen Blüten sondern ein Tröpfchen Flüssigkeit ab, deren Funktion noch nicht ganz geklärt ist. Entweder dient sie dazu, dass der Pollen besser haftet oder sie ist zur Ernährung der gefangenen Fliegen gedacht. Nach der Bestäubung welken die Narben, sodass keine weitere Bestäubung mehr erfolgen kann.

Über Nacht reifen dann die Staubblätter heran, die Staubbeutel reißen auf und überpudern die Fliegen im Kesselinneren mit Blütenstaub. Der Kolben stellt die Duftstoff- und Wärmeproduktion ein und die Sperrborsten am Kesselausgang welken. Nun können die gefangenen Fliegen fliehen. Da sie nicht besonders lernfähig sind, werden sie schon bald vom nächsten Aronstab angelockt und geben so den Pollen ihres ersten »Kerkermeisters« an den nächsten weiter.

23. KEIN VERRÜCKTES HUHN – DIE BRUTFÜRSORGE BEIM THERMOMETERHUHN

Lebewesen unterscheiden sich von unbelebten Gegenständen unter anderem darin, dass sie sich fortpflanzen. Dabei wird zunächst zwischen geschlechtlicher und ungeschlechtlicher Fortpflanzung unterschieden. Bei der ungeschlechtlichen Fortpflanzung entstehen die Nachkommen nicht durch eine Befruchtung, sondern aus einer Zelle des Elter (hier spielt männlich und weiblich keine Rolle). Die Nachkommen sind mit dem Elter genetisch identisch. In der Regel pflanzen sich so einzellige Lebewesen und sehr primitive Tiere fort. Auch bei Pflanzen spielt diese Art der Fortpflanzung eine Rolle.

Bei der geschlechtlichen Fortpflanzung gibt es männliche und weibliche Lebewesen oder Zwitter. Letztlich kommt es zur Verschmelzung von Ei- und Spermazelle, der Befruchtung. Es entsteht eine befruchtete Eizelle, die sich dann durch Zellteilung weiterentwickelt.

Bei Tieren gibt es dabei zwei Extreme: die einen, sogenannte r-Strategen, erzeugen eine große Anzahl an Nachkommen, investieren aber in jedes Einzelne der Lebewesen sehr wenige Ressourcen und kümmern sich auch nicht mehr um den Nachwuchs. Einige wenige Nachkommen schaffen es dann, das fortpflanzungsfähige Alter zu erreichen und so die Art zu erhalten. Die K-Strategen hingegen erzeugen nur sehr wenige Nachkommen, investieren aber sehr viele Ressourcen in diese und kümmern sich mehr oder weniger intensiv um sie.

Typische r-Strategen sind zum Beispiel viele Fischarten, Insekten, Weichtiere etc. Typische K-Strategen sind die großen Säugetiere, aber auch Vögel.

Vögel legen ohne Ausnahme Eier, die alles enthalten, was der Embryo zu seiner Entwicklung und später der Fötus zum Wachstum benötigt. Die allermeisten Vögel bauen für ihre Eier ein Nest und bebrüten sie dann. Der einheimische Kuckuck ist dabei eine allgemein bekannte Ausnahme.

In Australien lebt ein Hühnervogel, der zur Bebrütung seiner Eier einen ganz außergewöhnlichen Weg geht: das Thermometerhuhn *Leipoa ocellata*.

Das eineinhalb bis zwei Kilogramm schwere und etwa 60 Zentimeter große Thermometerhuhn lebt in halbtrockenen bis trockenen Gebieten vor allem im Süden Australiens, die mit Eukalyptus und Akazien locker bewachsen sind. Es benötigt einen sandigen bis sandig-humosen Boden. Thermometerhühner sind wie viele Hühnervögel Allesfresser und ernähren sich von Samen, Kräutern, Früchten, Knollen und Insekten.

Im australischen Winter, also im April und Mai, gräbt das Pärchen eine Grube mit bis zu drei Metern Durchmesser und einer Tiefe von bis zu einem Meter. Diese wird dann mit Laub und weiteren organischen Material befüllt, das die Hühner aus der Umgebung zusammenscharren. Ist das Laub durch Regen oder Tau genügend durchfeuchtet, mischen sie das Material durch scharren und verschließen die Grube mit einer dünnen Schicht Sand. Bis Mitte August, also dem australischen Frühling, bewacht nun das Männchen den Haufen. Währenddessen beginnen Mikroorganismen das organische Material zu zersetzen, wobei es sich erwärmt. Das Männchen scharrt anschließend auf das Laub einen Haufen aus sandiger Erde, der bis zu einem Meter hoch und gut vier Meter im Durchmesser werden kann. Insgesamt werden auf diese Weise über 3 000 Kilogramm Material zusammengetragen.

Nun ist alles für die Eier vorbereitet und das Weibchen gräbt oben in den Haufen die Eikammer, die mit Laub und lockerem Boden gefüllt wird. In den nächsten Wochen legt das Weibchen hier mit Abstand von fünf bis sieben Tagen mehrere sehr große Eier ab. Jedes Ei hat etwa ein Zehntel der Masse des Weibchens, das gesamte Gelege hat bis zum Dreifachen ihrer Körpermasse. Durch die Verrottungswärme des organischen Materials und die Sonnenbestrahlung von oben wird der Haufen erwärmt. Das Männchen überprüft ständig mit seinem Schnabel die Temperatur darin, wobei es auf ein halbes Grad Celsius genau Temperaturunterschiede feststellen kann. In den nächsten Monaten regelt das Männchen die Temperatur im Haufen, denn die Brutdauer liegt zwischen 50 und 90 Tagen.

Zu Beginn ist die Wärmeproduktion des verrottenden organischen Materials recht hoch, wird aber im Verlauf des Sommers niedriger. Gleichzeitig steigt mit dem Fortschreiten des Sommers die Strahlungswärme durch die Sonne. Deshalb scharrt das Männchen im Sommer die oberste Schicht des Haufens weg, sodass die Sonne das Deckmaterial und den Haufen erwärmen kann. Am Abend werden die Deckschichten wieder aufgebracht, um eine Auskühlung in der Nacht zu vermeiden. Wenn am Tag die Sonneneinstrahlung die Temperatur des Haufens zu stark erhöht, werden zur Isolation einige Schichten Sand aufgescharrt. Je nach Temperatur im Haufen und Tagestemperatur trägt der Hahn in den nächsten Wochen mehr oder weniger Material ab- oder auf. Zum

Herbst scharren die Hühner am Tag immer mehr Material weg, damit die geringere Sonneneinstrahlung den Haufen noch gut erwärmen kann, und zum Abend hin eine immer stärkere Deckschicht zur Isolation wieder auf. Durch diese rege Tätigkeit wird die Temperatur in der Eikammer konstant auf 33°C gehalten. Der Hahn überprüft die Temperatur, in dem er immer wieder den leicht geöffneten Schnabel in den Sand des Bruthügels steckt. Daher haben diese außergewöhnlichen Vögel auch ihren Namen. Wenn die Sonne im Herbst den Haufen nicht mehr ausreichend erwärmen kann, wird er aufgegeben, auch wenn eventuell die letzten Küken noch nicht geschlüpft sind.

Durch das ständige Auf- und Zuscharren des Nests wird gewährleistet, dass Sauerstoff das Nest durchströmen kann, denn zum einen benötigen die Embryonen im Inneren der Eier den Sauerstoff, zum anderen brauchen ihn die Mikroorganismen zum Abbau des organischen Materials. Auf diese Weise geht aber auch Feuchtigkeit verloren. Je weiter sich die Embryonen entwickeln, desto mehr Sauerstoff benötigen sie. Gleichzeitig nehmen jedoch die Sauerstoff verbrauchenden Zersetzungen des organischen Materials durch die Mikroorganismen ab, auch weil das organische Material mehr und mehr austrocknet. Der Sauerstoff, den die Embryonen benötigen, muss durch die Eischale hindurch ins Ei gelangen. Dazu hat jedes Ei Poren. Gleichzeitig verliert es über die Poren Wasser. Während der Entwicklung wird von innen her die Schale abgebaut, denn das Calcium brauchen die Embryonen zum Knochenaufbau. Dadurch kann nun Sauerstoff besser ins Eiinnere gelangen, aber auch mehr Wasser verdunsten. Die Poren der Schale von Thermometerhuhneiern sind nicht wie zum

Beispiel bei Haushühnern zylindrisch, sondern trichterförmig, mit der engen Stelle nach innen gerichtet. Verkürzen sich die Poren durch den Abbau des Schalenmaterials von innen her, wird deren Durchmesser immer größer, da die engen Bereiche abgebaut werden. Auf diese Weise gelangt der Sauerstoff besser ins Innere und der Wasserverlust steigt zum Ende der Entwicklungszeit stärker an. So ist gewährleistet, dass der Embryo mit ausreichend Sauerstoff versorgt wird, ohne dass er dabei vertrocknet, weil zu Beginn seiner Entwicklung schon zu viel Wasser verdunstet ist.

Ist das Küken fertig entwickelt, wird die dünne Eischale mit den Füßen von innen her gesprengt und das Küken kann schlüpfen. Es verharrt einige Stunden, bevor es anfängt, sich an die Oberfläche zu graben, was nur gelingt, wenn das Nestmaterial ausreichend vom Hahn vorgelockert worden ist. An der Oberfläche angelangt, kann das Küken nach einer Stunde laufen und nach einem Tag fliegen. Dabei sind die Küken von Anfang an auf sich alleine gestellt, die Eltern kümmern sich nicht weiter um sie. Dies ist sicher eine der sonderlichsten uns bekannten Art, Eier auszubrüten.

24. FERNGESTEUERT DURCH EINEN PLATTWURM – DIE FORTPFLANZUNG DES KLEINEN LEBEREGELS

Bei Parasiten denkt man wohl zuerst an das Unangenehme. Beschäftigt man sich aber näher mit ihnen, so öffnet sich eine Tür in eine unbekannte und vor allem faszinierende Welt. Besonders beeindruckend sind Entwicklungszyklen von Parasiten, die mit einem Wirtswechsel verbunden sind. Der Parasit beziehungsweise seine Larven oder Zwischenstadien müssen es irgendwie hinbekommen, vom eigentlichem Wirt, dem sogenannten Endwirt, in den Zwischenwirt zu gelangen und dann von diesem wieder in den Endwirt. Dabei ist das deutlich schwieriger, als man zunächst annehmen möchte.

Besonders beeindruckend ist der Lebenszyklus des kleinen Leberegels *Dicrocoelium dendriticum*, auch Lanzettegel genannt. Als Endwirt dienen ihm Paarhufer wie Rinder, Schafe und Ziegen, aber ebenso Hirsche, Rehe, Hasen, Kaninchen und Schweine. Hin und wieder gelangt er auch in den Menschen. Der ist zwar nicht der bevorzugte Endwirt, aber der kleine Leberegel begnügt sich auch mit ihm. Das Besondere am Leberegel ist, dass er gleich zwei Zwischenwirte für seine Entwicklung benötigt. Zum einen eine Landschnecke, wobei er dabei auf mehrere Dutzend Landschneckenarten zurückgreifen kann, und als zweiter Zwischenwirt fungieren Ameisen der Gattung *Formica*.

Wenn man sich nun vorstellt, dass es der Leberegel beziehungsweise seine Larven und Zwischenformen schaffen müssen, von einem Rind beziehungsweise Schaf, einer Ziege oder einem anderen Endwirt in eine Schnecke, dann in eine Ameise und von da wieder in einen Endwirt zu gelangen, erhöht das die Spannung - und das Staunen über eine solche Form von Leben.

Der kleine Leberegel lebt in der Leber, genauer gesagt in den Gallengängen seines Endwirts. Da er selbst ein Zwitter ist, kann er nun geschlechtlich entweder mit einem zweiten Egel oder notfalls mit sich selbst geschlechtlich befruchtete Eier produzieren.

Die Leberegeleier gelangen über die Gallengänge in den Darm und passieren diesen dank einer besonderen Schutzschicht unbeschadet. In jedem Ei entwickelt sich eine Larve, die aber noch nicht schlüpft. Diese sogenannten embryonierten Eier werden mit dem Kot ausgeschieden. Sie sind sehr widerstandsfähig und können viele Monate überdauern.

Der erste Zwischenwirt ist eine Schnecke der Gattungen *Helicella* oder *Zebrina* (Heideschnecke beziehungsweise Märzen- oder auch Zebraschnecke). Diese fressen neben frischem Grün auch verrottende Pflanzenteile und somit auch Pflanzenfresserkot. Mit der Nahrung gelangen die Egeleier in den Verdauungstrakt der Schnecke, entweder weil die Schnecke infizierten Kot gefressen hat oder weil Eier an Teilen der Futterpflanzen festhängen, da der Kot längst verrottet ist oder vom Regen weggewaschen wurde.

Im Verdauungstrakt schlüpfen nun die Larven aus den Eiern, durchbohren die Darmwand und setzen sich in der Mitteldarmdrüse fest, einem Organ, das dem der Leber in Wirbeltieren entspricht. Hier wandeln sie sich in sogenannte Sporocysten um. Diese bilden in ihrem Inneren ungeschlechtlich, also einfach durch Zellteilung, zahlreiche Tochtersporocysten, die in die Mitteldarmdrüse entlassen werden und sich dort weiterentwickeln.

Schließlich bilden diese Tochtersporocysten ebenfalls wieder ungeschlechtlich zahlreiche Schwanzlarven, sogenannte Zerkarien, die durch das Blut in der Schnecke verteilt werden. Die Zerkarien durchbohren schließlich die Wand der Atemhöhle, werden in Schleimballen verpackt, die dann »ausgehustet« werden.

Diese Schleimballen sind für einige Ameisenarten sehr attraktiv und werden von diesen gerne gefressen. Die Zerkarien gelangen in den Kropf der Ameise, durchbohren dessen Wand und gelangen so in ihre Leibeshöhle. Eine Zerkarie wandert nun in den Kopf der Ameise ein und setzt sich in einem Teil des Gehirns, dem Unterschlundganglion, als sogenannter Hirnwurm fest. Die anderen Zerkarien kapseln sich im Hinterleib der Ameise ein.

Wenn nach einigen Wochen die abgekapselten Zerkarien, die nun Metazerkarien genannt werden, ausgereift sind, verändert die als Hirnwurm bezeichnete Zerkarie das Verhalten der Ameise. Sie klettert am Abend an einem Grashalm hoch und verbeißt sich mit ihren Kieferzangen in die Halmspitze. Erst in den Morgenstunden löst sich die Verkrampfung der Kieferzangen wieder und die Ameise ist tagsüber ganz normal aktiv. Am Abend wiederholt sich das Hochklettern und Festbeißen so lange, bis die Ameise im Herbst durch erste Nachtfröste stirbt oder eben von einem Weidetier mit dem Gras gefressen wird. Mit der Ameise gelangen die Metazerkarien dann in den Endwirt.

Nur weil sich das Verhalten der Ameise durch den Hirnwurm verändert hat, besteht die Möglichkeit, dass die Ameisen von Weidetieren gefressen werden, was sonst in der Regel nicht geschieht.

Die durch ihre Kapsel geschützten Metazerkarien passieren unbeschadet den Magen, in dem übrigens der Hirnwurm sein Ende findet. Im Darm lösen sich die Kapseln auf und die Metazerkarien wandern über den Gallengang in die Leber des Endwirts ein, wo sie sich zu Leberegeln entwickeln.

Dieser Entwicklungszyklus ist so unglaublich verzwickt und kompliziert - man hält es kaum für möglich, dass er funktionieren kann. Und doch gibt es den kleinen Leberegel, der übrigens gar kein Egel, sondern ein Saugwurm ist. Aus einem einzigen Ei entstehen über Sporozysten und Tochtersporozysten dutzende Zerkarien. Eine davon opfert sich, damit die andern eine Chance haben, in den Endwirt zu gelangen. So schließt sich über Schnecke und Ameise der Kreis hin zu einem Endwirt.

25. DIE SACHE MIT DER UNORDNUNG – ENERGIE UND ENTROPIE

Alle Lebensvorgänge, wie zum Beispiel die Verdauung der Nahrung im Magen-Darm-Trakt, die Bildung von Verdauungssäften, der Auf- oder Abbau von Körperfett oder Muskeln etc., sind chemische Reaktionen. Einige davon laufen freiwillig ab, man sagt auch spontan, wie die Zellatmung, andere hingegen müssen erzwungen werden, wie die Photosynthese. Ob eine chemische Reaktion oder ein physikalischer Vorgang nun spontan abläuft oder erzwungen werden muss, hängt von zwei Größen ab: der Energie und der Entropie.

Für die Energie gilt eines der fundamentalsten Gesetze der Natur: der erste Hauptsatz der Thermodynamik, mit Spitznamen auch Energieerhaltungssatz genannt. Dieser besagt, dass Energie weder vernichtet noch erzeugt, sondern nur von einer Form in eine andere umgewandelt werden kann. Für die Entropie, die, vereinfacht gesagt, ein Maß für die Unordnung ist, gilt hingegen, dass sie insgesamt gesehen immer größer wird. Im gesamten Universum bleibt also die Summe aller Energien konstant, während die Entropie insgesamt immer größer wird.

Betrachtet man allerdings einen abgegrenzten Bereich, können sich darin beide Größen durchaus ganz unterschiedlich verändern. Diese abgegrenzten Bereiche werden System genannt, der Rest außen herum Umgebung. Ein solches System kann zum Beispiel eine Zelle, ein Organismus oder auch die ganze Erde sein. Bei chemischen Reaktionen in einem solchen System wird entweder Energie an die Umgebung abgegeben oder von ihr aufgenommen.

Freiwillig läuft eine chemische Reaktion ab, wenn dabei Energie abgegeben wird. Muss dabei Energie aufgenommen werden, läuft die Reaktion nicht freiwillig ab, sie muss erzwungen werden. Dabei ist der energieärmere Zustand der stabilere.

Die Oxidation von Cellulose durch Luftsauerstoff zu Kohlenstoffdioxid und Wasser ist ein eingängiges Beispiel für eine freiwillig verlaufende Reaktion: Das Verbrennen von Holz setzt sehr viel Wärmeenergie frei. Vor der Verbrennung befinden sich die Ausgangsstoffe in einem weniger stabilen Zustand als die Reaktionsprodukte. Die Energiedifferenz wird in Form von Wärmeenergie abgegeben. Diese Energie ist dann nicht mehr in den Reaktionsprodukten Kohlenstoffdioxid und Wasser enthalten, weshalb diese eher reaktionsträge sind. Daher ist Kohlenstoffdioxid nicht brennbar.

Doch verläuft die Reaktion nun wirklich freiwillig? Ein Feuer muss ja entzündet werden. Der Funke, der diese Reaktion startet, liefert nur die sogenannte Aktivierungsenergie. Diese versetzt die Reaktionspartner von einem zwischenstabilen in einen labilen Zustand, von dem aus dann ein stabilerer Zustand erreicht werden kann. Somit ist also der energieärmere Zustand der stabilere, oder anders ausgedrückt: Bei chemischen Reaktionen wird ein Energieminimum der beteiligten Stoffe angestrebt.

Werden wie bei der Photosynthese Stoffe synthetisiert, deren Energiegehalt zusammen gesehen höher ist als die Summe der Energien der Ausgangsstoffe - wenn also aus Wasser und Kohlenstoffdioxid Traubenzucker und Sauerstoff werden -, so muss die Reaktion durch Energiezufuhr, bei der Photosynthese durch Lichtenergie, erzwungen werden.

Neben der Energie spielt noch eine weitere sogenannte Zustandsgröße eine gewichtige Rolle: die Entropie.

Vereinfacht ist die Entropie, wie zu Beginn schon erwähnt, ein Maß für die Unordnung in einem System. Dabei gilt, dass Vorgänge dann freiwillig ablaufen, wenn die Entropie zunimmt, also die Gesamtunordnung größer wird. Diese Ordnung oder Unordnung bezieht sich auf die kleinsten Teilchen, aus denen Materie aufgebaut ist: Atome und Moleküle.

Dabei ist es unerheblich, ob diese Zunahme der Unordnung durch eine chemische Reaktion oder durch einfache physikalische Prozesse zustande kommt. Ein Beispiel: Wird in zwei Glaskugeln je ein Gas drucklos eingefüllt und werden die beiden Kugeln dann miteinander verbunden, vermischen sich nach und nach die beiden Gase. Dabei findet keine Reaktion statt, es wird keine Energie abgegeben, und dennoch läuft dieser Prozess freiwillig ab, da die Entropie zunimmt. Zu Beginn ist alles ordentlich: das eine Gas in der einen, das andere in der zweiten Glaskugel. Am Ende sind die Gase komplett vermischt, die Ordnung hat abgenommen und somit verläuft dieser Prozess freiwillig. Von alleine werden sich die beiden Gase nun aber nicht mehr entmischen. Dieser Prozess muss dann unter Energiezufuhr erzwungen werden.

Bei der Verbrennung von Holz wird nicht nur der Energiegehalt des Systems kleiner, sondern auch die Entropie größer, denn es entstehen mehr, allerdings kleinere Teilchen, als vor der Reaktion vorhanden waren. Bei der Photosynthese ist es hingegen genau umgekehrt. Hier nimmt auch die Entropie ab, denn aus vielen kleinen Teilchen werden wenige größere hergestellt. Spannend sind nun Prozesse, bei denen die Energie und Entropie in einem System beide zu- oder beide abnehmen.

Hier kann eine geringe Abnahme der Entropie durch Energieabgabe genauso erzwungen werden wie eine geringe Energiezunahme durch stärkere Entropiezunahme. Auch hierzu ein Beispiel: Wird Wasser unter den Gefrierpunkt abgekühlt, so erstarrt es. Die Wassermoleküle lagern sich in einem Eiskristall in geordneten Strukturen zusammen. Hier nimmt also die Entropie stark ab, und dennoch läuft der Prozess, wie jeder weiß, freiwillig ab, denn Wasser gefriert bei Temperaturen unter 0°C – normale Druckverhältnisse vorausgesetzt.

Einsichtig wird dies, wenn zunächst der Schmelzvorgang betrachtet wird: In einem Eiskristall ziehen sich die Wassermoleküle gegenseitig stark an, deshalb ist Eis fest und hart. Sollen die Wassermoleküle aus diesen Strukturen gelöst werden, muss Energie aufgewendet werden: die Schmelzenergie. Aus dem Energieerhaltungssatz folgt nun zwingend: Wenn zum Herauslösen der Wassermoleküle aus der Kristallstruktur, also zum Schmelzen von Eis, Energie aufgewendet werden muss, muss bei gegensätzlichem Prozess, also dem Erstarren von Wasser, derselbe Energiebetrag freigesetzt werden. Und genau das geschieht beim Erstarren von Wasser: Es wird die Schmelzenergie freigesetzt und an die Umgebung abgegeben. Diese Energie sorgt für eine geringfügig schnellere Bewegung der Teilchen der Umgebung, führt also zur geringfügigen Erwärmung der Umgebung. Wenn sich die Umgebungsteilchen nun etwas schneller bewegen, ist deren Unordnung größer oder anders ausgedrückt: die Entropie in der Umgebung des Wassers nimmt zu. Diese Entropiezunahme der Umgebung macht die Entropiezunahme im System Wasser/Eis nun wieder wett – das Wasser erstarrt.

Diese Abgabe der Schmelzenergie kann auch ganz praktisch genutzt werden: Droht im Spätfrühjahr zur Zeit der Obstblühte noch einmal eine Frostnacht, können die frostempfindlichen Blüten durch Besprühen mit feinem Wassernebel geschützt werden. Fällt die Temperatur unter 0°C, erstarrt das Wasser und gibt dabei die Schmelzenergie ab. Die Blüten darunter werden ganz leicht erwärmt und überleben dadurch die kurze Frostspitze.

26. WIE SCHLÜSSEL UND SCHLOSS – DIE WIRKUNGSWEISE VON ENZYMEN

Bei chemischen Reaktionen werden die Ausgangsstoffe aus einem stabilen oder auch zwischenstabilen Zustand durch Zuführen von Energie, der Aktivierungsenergie, in einen labilen Zustand versetzt, von dem aus sie dann weiter reagieren können. Ist der erreichte Zustand energetisch günstiger, also geringer, wird die Energiedifferenz abgegeben, ist er höher, so muss die Energiedifferenz zugeführt werden.

Bei vielen Reaktionen ist die aufzubringende Aktivierungsenergie relativ hoch, sodass die Reaktion aufwendig gestartet werden muss beziehungsweise sie verläuft nur sehr langsam, da immer nur für wenige Teilchen genügend Energie zur Verfügung steht, um sie in den labilen Zustand zu versetzen.

Um eine Reaktion zu beschleunigen, kann nun entweder Energie, zum Beispiel in Form von Wärme, zugeführt werden. Hier gilt als Faustregel, dass eine Erhöhung der Temperatur um 10°C die Reaktionsgeschwindigkeit ungefähr verdoppelt. Eine zweite Möglichkeit, eine Reaktion zu beschleunigen, ist der Einsatz eines Katalysators. Dieser setzt die Aktivierungsenergie herab, sodass mehr Teilchen gleichzeitig reagieren können. Das besondere an einem Katalysator ist, dass nur sehr wenig davon benötigt wird und er sich während der Reaktion nicht verbraucht.

Das gleichnamige Bauteil in einem PKW hat seinen Namen übrigens daher, weil im Inneren verschieden Metalle und Metallverbindungen eingearbeitet sind, die die Umsetzung giftiger Abgasbestandteile zu weniger giftigen katalysieren und somit eine sinnvolle Reaktionsgeschwindigkeit ermöglichen.

Die Zellen von Lebewesen sind richtige kleine Chemiefabriken in denen zahlreiche chemischen Reaktionen gleichzeitig ablaufen. Diese Reaktionen müssen zum Teil sehr schnell sein. Ein stärkeres Erwärmen zur Beschleunigung der Reaktion ist dabei jedoch nicht möglich, denn das würde die zellulären Strukturen irreversibel zerstören.

Für jede chemische Reaktion, die in einem Organismus abläuft, gibt es eigene Enzyme. Verläuft eine Reaktion über mehrere Zwischenstufen, was bei vielen Bioreaktionen der Fall ist, gibt es für jeden einzelnen Schritt ein eigenes Enzym, denn Enzyme sind wirkungsspezifisch, das heißt, sie können nur für diesen einzelnen Schritt genutzt werden, für eine andere chemische Reaktion sind sie untauglich. Zudem setzen sie meist auch nur einen einzigen Stoff, höchstens eine eng begrenzte Stoffgruppe, um.

Enzyme haben ein sogenanntes aktives Zentrum, in das sich das umzusetzende Molekül passgenau einlagert. Es ist wie bei einem Schlüssel, der in ein bestimmtes Schloss passt: Nur ein ganz bestimmtes Molekül kann sich in das aktive Zentrum einlagern. Durch das Einpassen ist auch die Art und Weise, wie dieses Molekül verändert wird, vorgezeichnet.

Die Wirkung von Enzymen muss zudem geregelt werden. Denn einmal vorhanden, setzen sie alle Substanz um, die in ihr aktives Zentrum passt. Dadurch würden bei einer ungeregelten Wirkung Stoffe abgebaut werden, obwohl das für die Zelle im Moment gar nicht nötig, eventuell sogar nachteilig ist. So bauen Zellen in der Zellatmung genannten Reaktion Traubenzucker ab, um Energie für andere Prozesse freizusetzen. Wären nun alle an der Zellatmung beteiligten Enzyme unreguliert aktiv, würde aller Zucker abgebaut, auch wenn gerade kaum Energie für andere Prozesse benötigt wird, und die Zelle verlöre sinnlos all ihre Vorräte.

Zu der notwendigen Regulation der Enzyme kommt es auf zweierlei Weise: Entweder lagert sich ein zweites Molekül, der sogenannte Hemmstoff, in ein weiteres Zentrum am Enzym ein. Dadurch verändert sich das aktive Zentrum, sodass die umzusetzenden Moleküle nicht mehr so gut hineinpassen. Die Umsetzung verlangsamt sich, im Extremfall kommt sie zum Erliegen. Da sich der Hemmstoff nicht dauerhaft einlagert, kann die Regulation über die Menge des Hemmstoffs in der Zelle erfolgen.

Die andere Regulationsmöglichkeit besteht darin, dass sich ein Hemmstoff kurzzeitig ins aktive Zentrum einlagern kann, da er eine ähnliche Struktur wie der umzusetzende Stoff hat. Allerdings wird der Hemmstoff nicht umgesetzt. Je höher nun die Hemmstoffkonzentration ist, desto häufiger ist das aktive Zentrum blockiert und desto weniger Substratmoleküle können umgesetzt werden.

Besonders elegant ist die Regulation, wenn der Hemmstoff zum Beispiel der Stoff ist, der hergestellt werden soll. Ist davon genug vorhanden, wird seine weitere Produktion gehemmt, da entweder im Fall eins das aktive Zentrum des Enzyms durch ihn verändert wird oder, wie im Fall zwei, dieser Stoff mit seinem Ausgangsstoff um das aktive Zentrum konkurriert. In beiden Fällen wird die Hemmung des Enzyms immer geringer, je weniger von der Zielsubstanz vorhanden ist, und diese wird wieder nachgeliefert.

Problematisch wird es dann, wenn sich die Struktur eines Enzyms ungewollt verändert und es so seine Wirksamkeit verliert. Da Enzyme Proteine sind, sind diese empfindlich gegenüber Säuren, Schwermetallen oder höheren Temperaturen. Diese Faktoren verändern die Struktur von Proteinen, der Chemiker spricht von Denaturierung. Diese spielt auch im Alltag eine große Rolle: Eiklar gerinnt, wenn es in kochendem Wasser oder in einer Pfanne erhitzt oder in Essig eingelegt wird. Auch das Braten von Fleisch ist chemisch gesehen vor allem eine Hitzedenaturierung von Proteinen.

Zur Denaturierung muss die Temperatur nicht unbedingt stark ansteigen. Unter Umständen genügen einige Grad Celsius. Das ist auch der Grund, warum hohes Fieber lebensbedrohlich werden kann, denn schon ab 41°C bis 42°C beginnen die Enzyme in den menschlichen Zellen zu denaturieren. So können dann lebenswichtige Prozesse nicht mehr reibungslos ablaufen und es kommt zu Schäden an Körperzellen.

Enzyme sind hochspezialisierte Proteine, ohne die kein einziger Lebensvorgang, weder Verdauung noch Energiefreisetzung durch Zellatmung noch der Aufbau von Körpersubstanz in einer Zelle, ablaufen könnte. Dabei erreichen die Enzyme eine faszinierende Präzision in ihrer Wirkung. Ohne Enzyme wäre ein Leben, wie wir es kennen, nicht möglich.

27. NICHT (NUR) AUS DER LUFT GEGRIFFEN – DIE PHOTOSYNTHESE

Der wohl wichtigste biochemische Prozess auf unserer Erde ist die Photosynthese. Pflanzen stellen dabei energiereiche Biomoleküle aus energieärmeren Stoffen mithilfe des Sonnenlichts her. Nur so kann die Energie der Sonne in für alle Lebewesen verfügbare und nutzbare Formen umgewandelt werden. Quasi als Abfallprodukt entsteht dabei Sauerstoff.

Aus den energiearmen Stoffen Kohlenstoffdioxid und Wasser werden durch das Sonnenlicht mithilfe organischer Farbstoffmoleküle wie den Chlorophyllen energiereiche Kohlenhydrate und Sauerstoff hergestellt. Durch die Photosynthese werden die anorganischen Stoffe Wasser und Kohlenstoffdioxid unter Energiezufuhr in körpereigene Stoffe umgewandelt, assimiliert.

Bei höher entwickelten Pflanzen, auch Gefäßpflanzen genannt, weil sie Leitungsbahnen beziehungsweise -gefäße besitzen, findet die Photosynthese in den Chloroplasten, auch Blattgrünkörner genannt, statt. Diese in der Regel vier bis acht Mikrometer großen Zellorganellen kommen zu einigen Dutzend in allen grünen Pflanzenzellen vor.

Die Photosynthese ist in zwei Teilprozesse gliedert: die Dunkelreaktion und die Lichtreaktion, wobei Dunkelreaktion nicht bedeutet, dass sie im Dunklen abläuft, sondern nur, dass nicht unmittelbar Licht benötigt wird, um abzulaufen.

Bei der Synthese gibt es zwei Probleme: Aus mehreren kleinen energiearmen Stoffen muss ein großer energiereicher Stoff hergestellt werden. Das bedeutet: Es muss gegen das Streben nach Energieminimum und Entropiemaximierung angearbeitet werden (vgl. Kapitel 25 »Die Sache mit der Unordnung - Energie und Entropie«). Kohlenstoffdioxid enthält ein Kohlenstoffatom, man spricht auch von einem C_1-Körper, wohingegen der Traubenzucker, die Glukose, sechs Kohlenstoffatome enthält, also ein C_6-Körper ist. Darüber hinaus ist der Kohlenstoff in der Glukose elektronreicher als im Kohlenstoffdioxid. Bei der Photosynthese muss also der Kohlenstoff zu einem größeren Molekül zusammengebunden und mit Elektronen versorgt - der Chemiker sagt: reduziert - werden.

Bei der Dunkelreaktion werden nicht einfach sechs Kohlenstoffdioxidmoleküle aneinandergebunden und dann reduziert, da dies energetisch sehr aufwändig und kompliziert wäre. Vielmehr dient ein Kohlenhydratmolekül, das aus fünf Kohlenstoffatomen besteht, also ein C_5-Körper, als Akzeptormolekül für das Kohlenstoffdioxidmolekül. Diese Vereinigung wird durch das Enzym Ribulose-1,5-bisphosphat-Carboxylase/Oxygenase, kurz RubisCO, ermöglicht. Es kommt in allen grünen Pflanzen vor und dürfte daher das mengenmäßig häufigste Protein auf unserer Erde sein. Das so entstehende Molekül aus sechs Kohlenstoffatomen zerfällt sofort wieder in zwei C_3-Körper. Nun wird der Kohlenstoff unter Energiezufuhr reduziert. Dazu liefert eine energiereiche Verbindung, das Adenosintriphosphat, kurz ATP, die Energie und ein Elektronenträgermolekül die Elektronen. Dann kann aus den beiden C_3-Körpern der C_6-Körper Glukose hergestellt werden.

Allerdings wurde dabei auch das Akzeptormolekül verbraucht und steht somit nicht mehr zur Verfügung. Deshalb werden gleich sechs Kohlenstoffdioxidmoleküle auf sechs Akzeptormoleküle übertragen. Nach der Reduktion, der Elektronenübertragung, werden zwei C_3-Körper zu Glukose umgewandelt. Die verbleibenden zehn C_3-Körper, mithin also insgesamt 30 Kohlenstoffatome, werden in einem faszinierenden und komplexen Umlagerungssystem letztlich wieder zu sechs Akzeptormolekülen zu je fünf Kohlenstoffatomen umgelagert. Dazu braucht es wieder Energie, die über das ATP geliefert wird.

Die Dunkelreaktion ist also ein Kreisprozess, in dem sechs Kohlenstoffdioxidmoleküle eingeschleust werden und aus dem ein Glukosemolekül hervorgeht. Dieser Kreisprozess wird zu Ehren seines Entdeckers, des US-amerikanischen Biochemikers Melvin Calvin, auch Calvin-Zyklus genannt.

Die Elektronen und die Energie für den Calvin-Zyklus werden durch die Lichtreaktion bereitgestellt. Genauer gesagt: Die Elektronen werden Wassermolekülen entrissen. Dabei entstehen Sauerstoff und Wasserstoffkationen, also Protonen. Die Elektronen werden vom Elektronenlieferanten aus der Dunkelreaktion aufgenommen und wie in einem »Pendelverkehr« zu den Prozessen des Calvin-Zyklus geschafft. Der Elektronenlieferant aus der Dunkelreaktion ist also ein Elektronentransporter. Dieser kann aber dem Wasser aus energetischen Gründen die Elektronen nicht entreißen. Der Elektronentransporter erhält seine Elektronen vielmehr von einem Chlorophyllmolekül, dem grünen Blattfarbstoff, das Lichtenergie aufnehmen kann. Dadurch werden Elektronen so energiereich, dass sie vom Elektronentransporter aufgenommen werden können. Nun hat das Chlorophyllmolekül jedoch Elektronenmangel und entreißt einem kupferhaltigen

Protein Elektronen. Dieses wiederum entreißt sie einer anderen chemischen Verbindung und so weiter. Die Elektronen werden einem Energiegefälle folgend von einem zum nächsten Molekül weitergereicht. Am Anfang dieser Kette steht ein weiteres Chlorophyllmolekül, das durch Aufnahme von Lichtenergie energiereiche Elektronen hat, die ihm nun leicht entrissen werden können. Hat dieses zweite Chlorophyllmolekül durch Abgabe von Elektronen einen Elektronenmangel, entreißt dieses einem Protein Elektronen, das dann letztlich dem Wasser die Elektronen abnimmt, sodass Sauerstoff entsteht.

Die Elektronen wandern also vom Wassermolekül zum energiereicheren Elektronentransporter und folgen dabei doch einem Energiegefälle, denn auf zwei Zwischenstationen, den beiden Chlorophyllen, werden sie durch die Lichtenergie energetisch angehoben.

So werden bei der Photosynthese Elektronen vom Wasser, das dadurch zu Sauerstoff und Protonen gespalten wird, über einen Pendelverkehr auf den Kohlenstoff übertragen. Dieser Vorgang, der nicht freiwillig abläuft, wird durch die Lichtenergie erzwungen.

Der reduzierte, also elektronenreiche Kohlenstoff wird dann zu Traubenzucker zusammengesetzt. Die dazu benötigte Energie wird letztlich durch Lichtenergie geliefert. Traubenzucker ist also als chemische Energie gespeicherte Sonnenenergie.

28. WOHNGEMEINSCHAFT, EINMAL ANDERS – SYMBIOSE DER FLECHTEN

An vielen Steinen, Baumrinden, Dachziegeln etc. wachsen schon nach einigen Monaten Flechten. Diese flachen, schuppigen, teilweise auch strauchartigen Gebilde kommen in einer ganzen Palette von Farben vor: weiß, gelb, rot über braun, grau und blau bis hin zu fast schwarz. Flechten sind aber kein Einzellebewesen, sondern eine Lebensgemeinschaft, eine Symbiose.

Einer der Partner, aus denen eine Flechte besteht, ist dabei immer ein Pilz. Der zweite Partner ist ein Photosynthese betreibender Mikroorganismus. In den meisten Fällen sind dies Algen, es können aber auch Cyanobakterien sein. Während Flechtenpilze in der Natur niemals ohne ihren photosynthetischen Partner, man spricht auch vom Photobiont, vorkommen, können die Algen oder Cyanobakterien auch ohne den Pilz, den Mykobiont, vorkommen.

Das, was man herkömmlich als »Pilz« bezeichnet und an der Gemüsetheke im Geschäft kaufen kann, sind nur die Fruchtkörper. Der eigentliche Pilz ist ein großes Geflecht aus Zellfäden, den Hyphen. Diese Hyphen bilden auch bei der Flechte die Grundstruktur des Flechtenkörpers. In das Geflecht aus Hyphen sind die Photobionten eingelagert. Die Pilzfäden bilden zuoberst ein enges, schützendes Geflecht, das Rinde genannt wird. Darunter liegt die Schicht der Photobionten, die in ein lockeres Hyphengeflecht eingelagert sind. Nach unten hin wird die Flechte wieder von einer Rindenschicht abgeschlossen. Von dieser Rindenschicht aus wachsen Pilzgeflechtfäden in kleinste Unebenheiten und Risse des Untergrunds ein, um so die Flechte fest zu verankern.

Diese Lebensgemeinschaft bietet auf den ersten Blick beiden Partnern Vorteile, sodass man von einer Symbiose sprechen kann. Dabei wird der Pilz von den Photobionten mit Nährstoffen versorgt, die diese durch Photosynthese herstellen. Die Photobionten ihrerseits werden vom Pilzgeflecht vor schneller Austrocknung, zu starker Sonneneinstrahlung und mechanischen Beschädigungen geschützt. Im Hyphengeflecht der Flechte kann zum Beispiel Wasser aus Regen oder Tau einige Zeit gespeichert werden, sodass die Photobionten länger, als es an diesem Standort für sie allein möglich wäre, feucht bleiben und Photosynthese betreiben können. Dabei sind die Vorteile dieser Wohngemeinschaft nicht wirklich gleich verteilt: Der Pilz profitiert wohl mehr davon als die Alge beziehungsweise die Cyanobakterie.

Der Pilz produziert sogenannte Flechtenstoffe. Das sind vor allem organische Säuren. Sie können die Unterlage, also Gesteine, angreifen und tragen so zur Verwitterung bei. Auf diese Weise sorgt der Pilz zum einen dafür, dass er sich noch besser in der Unterlage verankern kann, da dadurch die Risse und Spalten ausgedehnt werden, zum anderen werden so wichtige Mineralstoffe freigesetzt, die dann den Photobionten zur Verfügung stehen.

Spannend ist auch die Tatsache, dass Flechten ihren Wasserhaushalt nicht regulieren können. Zum einen gelingt es ihnen nicht, ohne Wurzeln und Kontakt zu wasserführenden Substraten aktiv Wasser aufzunehmen, zum anderen haben sie keine wirklichen Abschlussgewebe, die einem Verdunsten von Wasser entgegenwirken können. So können Trockenzeiten durch Wasser, das im Pilzgeflecht gespeichert ist, zwar zunächst etwas überbrückt werden, doch trocknen die Flechten dann sehr schnell aus. Die Photobionten stellen ihre Photosyntheseaktivität ein und auch der Pilz reduziert seinen Stoffwechsel bis auf ein kaum messbares Maß. Im ausgetrockneten Zustand können Flechten relativ lange überdauern. Unter Umständen sogar einige Jahrzehnte.

Flechten trocknen gerade an exponierten Standorten sehr oft aus, was auch der Grund sein dürfte, dass sie sehr langsam wachsen. In der Regel nehmen sie nur wenige Millimeter pro Jahr, unter extremen Bedingungen sogar nur wenige Zehntel Millimeter an Größe zu.

Können sie wieder Wasser aufnehmen, setzt zum Teil innerhalb einiger Sekunden die Photosynthesetätigkeit wieder ein. Leben die Algen oder Cyanobakterien frei, so nehmen sie bei Austrocknung relativ schnell Schaden, als Symbiont in einer Flechte stehen sie Austrocknung hingegen sehr gut durch. Dies liegt wohl daran, dass der Pilz Einfluss auf den Stoffwechsel der Photobionten nimmt. Produzieren sie freilebend zum Beispiel vor allem Zucker, so werden bei der Symbiose mit dem Pilz vor allem Zuckeralkohole hergestellt, die der Pilz deutlich besser aufnehmen und verwerten kann. Es wird vermutet, dass die Photobionten in der Symbiose auch bestimmte Schutzstoffe wie zum Beispiel den Zweifachzucker Trehalose herstellen. Dieser hilft dann, empfindliche Moleküle wie Enzyme oder DNA bei Austrocknung zu schützen.

An die nötigen Mineralstoffe gelangen die äußerst genügsamen Flechten zum einen durch die Zersetzung der Unterlage durch Abgabe von Flechtensäuren oder indem angewehter Staub abgefangen wird, in dem einige Mineralstoffe enthalten sind.

Algen oder Cyanobakterien vermehren sich in der Flechte ausschließlich durch Zweiteilung, wobei der Pilz regulierend auf die Vermehrung der Photobionten einwirkt. Dieser Pilz kann sich sowohl geschlechtlich als auch ungeschlechtlich fortpflanzen. Die Pilzsporen werden dann freigesetzt und durch den Wind verbreitet. Treiben die Sporen aus, müssen sie sich erst einen passenden, noch freilebenden Photobionten einfangen. Dabei können, je nachdem welche Bedingungen am neuen Lebensort herrschen, ganz unterschiedliche Mykobiont-Photobiont-Kombinationen eingegangen werden. Zu einer Vereinigung kommt es aber nur, wenn beide Partner eine gewisse Not leiden.

Zudem gibt es noch Vermehrungsformen, bei denen beide Partner gleich zusammenbleiben. Dazu können entweder kleine Teile der Flechte an Sollbruchstellen abbrechen und sich an einem neuen geeigneten Ort festsetzen, oder es werden kleine Klümpchen aus etwas Pilzgeflecht und einigen Photobionten gebildet, die dann verbreitet werden.

Flechten können die extremsten Lebensräume besiedeln und ertragen, vor allem im ausgetrockneten Zustand, Temperaturen von fast - 50°C bis hin zu 80°C. So besiedeln Flechten alle Lebensräume der Erde, von den großen Wüsten über die Höhenzüge des Himalayas bis hin zur Antarktis. Selbst im Weltall können Flechten monatelang überleben, wie Exemplare, die an der Außenseite der ISS angebracht waren, eindrucksvoll gezeigt haben.

Doch nicht nur in ihrer Dauerhaftigkeit sind Flechten extreme Lebewesen. Sie gehören außerdem zu jenen, die auf dieser Erde am ältesten werden, und erreichen in Ausnahmefällen eine Lebensdauer von einigen tausend Jahren. All das sind tatsächlich mehr als erstaunliche Fähigkeiten für so unscheinbare Lebewesen, wie Flechten es sind.

29. UND SIE BEWEGEN SICH DOCH – BEWEGUNG BEI PFLANZEN

Obwohl die meisten Pflanzen an ihrem Standort festgewachsen sind, bewegen sie sich doch alle. Da diese Bewegungen aber langsamer verlaufen als bei Tieren, fallen sie viel weniger auf und werden kaum wahrgenommen. Bewegungen ermöglichen es den Pflanzen, ihren Lebensraum vollständig auszunutzen.

Dabei reagieren Pflanzen auf ganz unterschiedliche Reize, zum Beispiel auf Licht, Wärme, Feuchtigkeit, chemische Substanzen oder die Schwerkraft. Die darauffolgenden Bewegungen werden in Gruppen eingeteilt. Da gibt es einmal die sogenannten Taxien, die »freien Ortsbewegungen«, wie sie zum Beispiel bei Algen vorkommen. Bei den sogenannten Nastien ist die Bewegungsrichtung nicht von der Reizrichtung, sondern von der Bauart bedingt. So haben Landpflanzen hauptsächlich auf der Blattunterseite kleine Spaltöffnungen, deren Öffnungszustand sie regulieren, um so Kohlenstoffdioxid für die Photosynthese aus der Luft aufzunehmen und Wasserdampf abzugeben. Sie können in wenigen Sekunden geöffnet oder geschlossen werden, wobei diese Bewegung unabhängig davon ist, woher der auslösende Reiz kommt. Auch die sogenannten Schlafbewegungen vieler Hülsenfrüchtler oder des Sauerklees sind nastische Bewegungen, da die Bewegungsrichtung durch die Blattgelenke vorgegeben ist. Bei den Tropismen dagegen steht die Bewegungsrichtung in direktem Zusammenhang zur Reizrichtung. Ein schönes Beispiel ist der Heliotropismus der Sonnenblume, die ihre Blüten nach der Sonne dreht.

Pflanzliche Organe richten sich unter dem Einfluss der Schwerkraft aus. Dies ist bei den Hauptsprossen entgegen der Wirkrichtung der Erdanziehung, also nach oben, bei den Hauptwurzeln mit der Wirkrichtung nach unten und bei Blättern, Stielen und Nebenwurzeln mehr oder weniger lotrecht zur Wirkrichtung der Erdanziehung. Diese Ausrichtung nach der Erdanziehungskraft wird Gravitropismus genannt.

Die Reaktion darauf verläuft in vier Phasen. Zuerst muss der Reiz wahrgenommen werden, das Signal übermittelt und dann an die für die Bewegung zuständigen Gewebe weitergeleitet werden. Schließlich ist die Bewegung dann die Antwort auf den Schwerereiz. Die Wahrnehmung des Reizes und die Signalübertragung in Form chemischer Stoffe erfolgt in wenigen Sekunden. Die beiden anderen Phasen benötigen eine oder auch mehrere Stunden.

Der Schwerereiz wird in der Wurzelspitze wahrgenommen, genauer in der Wurzelhaube, die die Wurzelspitze umschließt. Im Zentrum der Wurzelhaube sind einige wenige Columellazellen vorhanden, in denen sich große, dicht gepackte Stärkekörner, die Statolithen, befinden. Sie sind über Filamente, feine Fäden, mit dem Zellskelett verbunden. Wird die Wurzelspitze nun bewegt, verschiebt sich die Gleichgewichtslage der Stärkekörner und die Statolithen verlagern sich in Richtung der neuen Unterseite. So werden die Filamente an der neuen Oberseite gedehnt und an der neuen Unterseite gestaucht. Nun kommt eine Kaskade an Reaktionen in Gang, angefangen von einer Umverteilung von Calciumionen innerhalb der Zelle über eine darauffolgende Ansäuerung des Zellplasmas bis hin zur Freisetzung des Botenstoffs Inositoltriphosphat. Dies vollzieht sich so schnell, dass schon nach zwei bis acht

Sekunden eine Antwort auf die Auslenkung der Wurzel in den Columellazellen beobachtet werden kann. Anschließend werden pflanzliche Hormone von der Wurzelspitze ausgehend in den nachfolgenden Bereichen der Wurzel umverteilt und es kommt zu einer Anreicherung auf der neuen Unterseite der Wurzel. Dadurch wird die Streckung der unteren Zellen gehemmt, während sich die Zellen auf der Wurzeloberseite strecken. Bewirkt wird dies hauptsächlich durch das Pflanzenhormon Indol-3-Essigsäure, wodurch in der Zellmembran Protonenpumpen aktiviert werden, die unter Energieverbrauch Protonen aus der Zelle in die Zellwand schaffen. Dadurch strömen Kalium- und Chloridionen von außen in die Zelle, was zu einer vermehrten Wasseraufnahme in die Zelle führt, sodass der Zellinnendruck ansteigt.

Parallel kommt es zur »Erweichung« der Zellwand durch bestimmte Enzyme. Diese liegen in der Zellwand vor, können aber nur arbeiten, wenn das Milieu sauer genug ist, was erst durch die Protonenanreicherung in der Zellwand gegeben ist. So können die Cellulosefasern nun auseinandergleiten, wenn sich die Zelle durch das einströmende Wasser auseinanderdrückt. Weil sich die Oberseite der Wurzel so stärker streckt als die Unterseite, krümmt sich die Wurzel nach unten.

In den nächsten Stunden kommt es durch die Wirkung der Pflanzenhormone zur vermehrten Produktion von Zellwandmaterial, sodass die Zellwand wieder verstärkt wird – die Wurzel hat sich wieder nach unten, also in Richtung der Wirkungsachse der Schwerkraft hin zum Erdmittelpunkt neu ausgerichtet.

30. WARUM AUCH BÄUME NICHT IN DEN HIMMEL WACHSEN – WASSERTRANSPORT IN PFLANZEN

Bäume sind die höchsten Lebewesen auf dieser Erde. In Deutschland erreichen sie eine Höhe von bis zu 50 Metern. Der Küstenmammutbaum *Sequoia sempervirens* Nordamerikas und der Riesen-Eukalyptus *Eucalyptus regnans*, der in Australien und Tasmanien wächst, dagegen bis über 100 Meter.

Wie Tiere, so haben auch Pflanzen ein Gefäßsystem, genauer gesagt sogar zwei parallel verlaufende Gefäßsysteme: das für den Zuckertransport zustände Phloem und das für den Wasserstransport verantwortliche Xylem. Der Transport im Phloem verläuft in alle Richtungen. Durch die Entnahme von Zucker und das Beladen mit Zucker wird die Richtung des Transports vorgegeben. Im Xylem erfolgt der Transport immer von den Wurzeln zu den Blättern.

Vielfach bekannt ist, dass die höchsten Tiere, die Giraffen, verschiedene, sehr raffinierte Mechanismen entwickelt haben, um bei ihrer Körpergröße von bis zu sechs Metern das Blut bis zum Kopf in ausreichender Menge und mit ausreichend hohem Druck zu befördern. Nun sind Bäume im Durchschnitt fast zehnmal so hoch und haben zudem kein Herz oder eine andere Pumpe, die die Flüssigkeit von den Wurzeln zu den Blättern transportiert.

Das Problem hoher Lebewesen ist, dass der Schwerdruck einer Flüssigkeit in einer Röhre nur von der Höhe der Flüssigkeitssäule abhängt, nicht von deren Durchmesser. Das heißt: Der Druck am Boden eines zehn Meter tiefen Schwimmbeckens und am Boden eines langen, dünnen Röhrchens mit einer Flüssigkeitssäule von zehn Metern ist gleich, nämlich rund ein Bar. Das nennt man auch Pascalsches Paradoxon.

Als Faustregel kann angenommen werden, dass je zehn Meter Flüssigkeitssäule ein Bar Druck dazukommt. Dagegen muss der Flüssigkeitstransport in Lebewesen anarbeiten. Die Xylembahnen, in denen das Wasser und die darin gelösten Mineralsalze transportiert werden, sind feinste Röhrchen. Sie entstehen, indem sich Zellen vereinigen. Diese Abschnitte sind miteinander verbunden, sodass ein kontinuierlicher Wasserweg von der Wurzel bis zu den Blättern vorhanden ist. Die einzelnen Abschnitte haben einen Durchmesser von 0,03 bis zu 0,4 Millimeter, im Extremfall bei einigen Lianen sogar bis zu 0,7 Millimeter. Die dünneren Abschnitte sind wenige Millimeter, die mit einem größeren Durchmesser sogar einige Meter lang.

Die Wände der Leitbahnen sind durch Durchlässe in benachbarte Röhren durchbrochen. Im funktionsfähigen Zustand sind die Zellen zudem abgestorben und der Zellinhalt herausgelöst. So wird der Transportwiderstand für das Wasser in den Xylembahnen stark verringert.

Da Pflanzen bekanntlich kein Herz haben, muss der Flüssigkeitstransport auf andere Weise erfolgen. Dabei spielen drei Faktoren zusammen: der Wurzeldruck, die Kapillarkräfte und ganz besonders der Transpirationssog.

Die Wasseraufnahme der Pflanzen erfolgt über feinste Wurzelhärchen. Diese werden nur in einer kurzen Zone hinter der Wurzelspitze gebildet. Auf einem Quadratmillimeter können an die 300 Wurzelhaare wachsen. Dadurch wird die Oberfläche der Wurzel, über die Wasser und Mineralsalze aufgenommen werden, auf das Zehnfache vergrößert. Die Wurzelhaare haben eine Lebensdauer von einigen Tagen bis maximal wenige Wochen, dann gehen sie ein. An dieser Stelle wird die Wurzel dann nahezu wasserundurchlässig abgedichtet. Neue Wurzelhaare können nur gebildet werden, wenn die Wurzel an der Spitze weiterwächst.

Der Boden besteht nicht nur aus festen Anteilen, sondern zwischen den Bodenpartikeln gibt es noch kleinste, mit Luft oder Wasser gefüllte Hohlräume. Wasser kommt im Boden so auf zweifache Weise vor. Einmal als Quellungswasser, das sehr fest an den Boden gebunden ist und von der Pflanze kaum aufgenommen werden kann. Anders ist es mit dem sogenannten Kapillarwasser, das in den feinen Hohlräumen zwischen den Bodenpartikeln zu finden ist. Dieses Wasser kann über die Wurzelhaare in die Wurzel gelangen. Dabei spielen gelöste Stoffe in den Wurzelzellen eine wichtige Rolle, denn das Wasser strömt aufgrund der höheren Konzentration an gelösten Stoffen aus den Bodenhohlräumen in die Wurzelzellen ein. Dort wird es von Zelle zu Zelle nach innen weitergeben. Dies ist durch eine gestaffelte Konzentration gelöster Stoffe in den Zellen auf dem Weg zu den Leitungsbahnen in der Wurzelmitte möglich.

Schließlich gelangt das Wasser in die zentral in der Wurzel verlaufenden Leitungsbahnen des Xylems. Es wird ein hydrostatischer Druck aufgebaut, der das Wasser etwas nach oben drückt. Schneidet man eine Pflanze, die in einem gut gewässerten Boden wächst, unmittelbar über der Erde ab, tritt an der Schnittfläche Flüssigkeit aus, die durch den Wurzeldruck nach oben geschoben wird. Da die Xylembahnen enge Röhrchen oder Kapillaren sind, treten hier Kapillareffekte auf. Dabei gilt bis zu einem bestimmten Mindestdurchmesser: Je enger eine Kapillare ist, desto höher ist die Steighöhe des Wassers im Inneren.

Wassermoleküle ziehen sich gegenseitig stark an (vgl. Kapitel 18 »Nicht ganz dicht - Die Dichteanomalie des Wassers«), man spricht von Kohäsion. Auf der anderen Seite ziehen sich auch die Wassermoleküle und die Moleküle der Röhrenwand an, was Adhäsion genannt wird. In einem engen Röhrchen steigt Wasser aufgrund der Adhäsion an der Innenwand nach oben. Die Anziehung zwischen Wasser- und Wandmolekülen ist größer als die zwischen den Wassermolekülen, weshalb die randständigen Wassermoleküle nach oben gezogen werden. Durch die gegenseitige Anziehung der Wassermoleküle untereinander werden so auch weiter innen liegende Wassermoleküle mit nach oben gezogen. Je enger eine Kapillare, desto weniger innere Wassermoleküle müssen von den randständigen mit nach oben gezogen werden, desto weiter steigt das Wasser also in der Kapillare nach oben.

Wurzeldruck und Kapillarkräfte sind jedoch nur untergeordnet. Die Haupttriebkraft für den Wassertransport in einer Pflanze ist der Transpirationssog: Über die Blätter verdunstet sehr viel Wasser als Wasserdampf, so wie bei einem feuchten Tuch. Doch bei der Pflanze geschieht dies nicht ungeregelt. Die Blattoberfläche ist durch eine Epidermiszellschicht, deren Zellen dicke Wände und verschiedene Wachsauflagerungen haben, relativ gut vor unkontrolliertem Wasserdampfverlust geschützt. Vor allem die Blattunterseite weist zahlreiche kleine Spaltöffnungen auf, deren Öffnungszustand von der Pflanze aktiv geregelt werden kann. Durch diese Spaltöffnungen kann die Pflanze Gase mit der Umgebung austauschen. So wird etwa Kohlenstoffdioxid aufgenommen oder Sauerstoff abgegeben – und Wasserdampf.

Verdunstet nun Wasser in den Blättern, entsteht ein Sog in den Xylemgefäßen, der Wasser von unten nachsaugt. Wie schon mehrfach erwähnt, ziehen sich die Wassermoleküle gegenseitig an. Verlässt nun oben im Blatt ein Wassermolekül den Flüssigkeitsverband, um in die Gasphase überzutreten, zieht es das nächstgelegene Wassermolekül nach. Auf diese Weise entsteht der Transpirationssog. Da alle Wassermoleküle in einem Xylemgefäß eine durchgehende Wassersäule bilden, werden alle Wassermoleküle der Reihe nach etwas nach oben gezogen. Das Wasser in den Xylemgefäßen steht daher unter einer sogenannten Saugspannung, es herrscht also ein Unterdruck.

Dies wird letztlich angetrieben durch einen Wasserdampfunterschied zwischen der Umgebung des Blatts und dem Blattinneren. Dieses Gefälle muss die Pflanze nicht unter Energieverbrauch aufbauen, sondern es geschieht durch die Sonneneinstrahlung. Somit treibt letztlich die Energie der Sonne den Wassertransport der Pflanze an.

Schaut man sich nun alle am Wassertransport in der Pflanze beteiligten Kräfte an, kommt man zu einem spannenden Ergebnis: Pro zehn Meter Höhe müsste dann also ein Unterdruck von einem Bar in einem Xylemgefäß herrschen, damit die Höhe überbrückt werden kann. Dazu kommt allerdings noch, dass das Wasser sich in den Gefäßen bewegt. Je nach Pflanze sind das Strömungsgeschwindigkeiten von ungefähr einem bis zu hundert Meter in der Stunde. Dadurch entsteht ein Strömungswiderstand in den Leitungsbahnen, der ebenfalls überwunden werden muss. Dazu wird ein zusätzlicher Unterdruck von eineinhalb bis zwei Bar je zehn Metern benötigt.

Zwischen den Blättern und der Wurzel herrscht nun ein Druckunterschied von zwanzig bis dreißig Bar. Rechnet man nun den Druck, der zur Überwindung der Höhe und des Strömungswiderstands innerhalb der Leitungsbahnen gegen den Druckunterschied zwischen Blättern und Wurzel notwendig ist, auf, so kommt man auf eine maximale Höhe von rund 150 Metern, die so von Wasser überwunden werden kann. Dies ist tatsächlich die größte Höhe, die jemals bei einem Baum, einem Rieseneukalyptus, gemessen wurde.

Durch den Unterdruck darf aber die Anziehung der Wassermoleküle untereinander auf keinen Fall übertroffen werden, denn dann würde die Wassersäule in den Leitungsbahnen abreißen und der Wassertransport käme zum Erliegen. Dennoch passiert dies, wenn die Leitungsbahnen verletzt werden. Dann kommt es zu einer Embolie, das heißt, es befinden sich Luftblasen in den Leitungsbahnen. Da die Luftteilchen sich praktisch nicht gegenseitig anziehen, reißt hier nun die Wassersäule in den Leitungsbahnen auseinander und der Wassertransport in der Bahn kommt zum Erliegen.

Genau das geschieht, wenn man Blumen abschneidet. Durch den Unterdruck in den Xylembahnen wird das Wasser in die Bahnen hineingezogen und an der Schnittfläche tritt Luft ein. Wird nun die Blume ins Wasser gestellt, verdunstet zwar oben weiter Wasser, es kann aber nicht mehr von unten nachgesaugt werden. Das Wasser kann nun nur noch aus den Zellen genommen werden, daher welkt die Blume.

Ist der Wasserdampfunterschied zwischen Blattumgebung und Blattinnerem zu groß, was zum Beispiel an sehr heißen

Sommertagen der Fall sein kann, dann kann auch der Unterdruck in den Leitungsbahnen so groß werden, dass es zur Kavitation kommt, das heißt, die Wassersäule in den Bahnen wird dampfförmig und es bilden sich Dampfblasen in den Bahnen. Dadurch reißt die Wassersäule ebenfalls ab und der Wassertransport kommt in dieser Bahn zum Erliegen. Mit empfindlichen Schalldetektoren ist es möglich, das Abreißen dieser Wassersäulen tatsächlich zu messen, ebenso, wie man das Kavitieren auch mit einem Stethoskop an einem heißen Sommertag an einem hohen Baum hören kann.

31. RECYCLING DER ELEMENTE – DER STICKSTOFFKREISLAUF

Stickstoff ist Bestandteil aller Aminosäuren - die Bausteine, aus denen Proteine aufgebaut sind, und der Basen der Nukleinsäuren wie der DNA. Deshalb benötigen alle Lebewesen Stickstoff, den sie aufnehmen müssen. Nun wäre die Sache eigentlich relativ einfach, denn die Luft besteht zu über 78 Prozent Volumenteile aus Stickstoff. Doch dieser ist chemisch sehr reaktionsträge, da beim elementaren Stickstoff, wie er in der Luft vorkommt, zwei Stickstoffatome über drei Atombindungen verbunden sind. Diese Bindung zwischen den beiden Stickstoffatomen ist so stabil, dass sie nur unter sehr hohem Energieaufwand gebrochen werden kann. Das wäre aber Voraussetzung, um die Stickstoffatome in organische Moleküle einbauen zu können. So steht der Luftstickstoff nur sehr begrenzt zur Verfügung, denn es gibt nur wenige Lebewesen oder Prozesse, die den Stickstoff der Luft verfügbar machen können.

Er kommt aber noch in anderer Form vor. Da gibt es die anorganischen Verbindungen, in denen Stickstoff entweder in oxidierter Form als Nitrat oder Nitrit oder in seiner reduzierten Form als Ammonium vorkommt, zudem die organischen Stickstoffverbindungen wie eben die Aminosäuren der Proteine und der Basen der Nukleinsäuren.

Tiere können Stickstoff nur in Form von organischen Verbindungen verwerten, wohingegen die photosynthetischen Pflanzen ihn als anorganische Verbindungen aufnehmen und dann in organische Verbindungen einbauen. Diese Stickstoffverbindungen sind dann für Tiere nutzbar, deshalb sind Pflanzen auch Produzenten und Tiere Konsumenten.

Am Ende ihres Lebens werden Tier- und Pflanzenleichen genauso abgebaut wie tierische Ausscheidungen, nämlich durch die sogenannten Destruenten, die Zersetzer. Diese Mikroorganismen bauen die organischen Substanzen bis hin zu einfachen anorganischen Stoffen wie Nitrat oder Ammonium ab, die dann die Produzenten wieder aufnehmen. Zwischen Produzenten, Konsumenten und Destruenten gibt es also einen regelrechten Stickstoffkreislauf.

Pflanzen nehmen Nitrat oder Ammonium über die Wurzeln auf. Während Ammonium den Stickstoff in reduzierter, also elektronenreicher Form enthält, liegt er im Nitrat in oxidierter Form vor. Er muss Elektronen aufnehmen, also reduziert werden. Dies kann in geringem Maß schon in der Wurzel geschehen, hauptsächlich geschieht dies aber in den Blättern, wohin das Nitrat mit dem Wasserstrom in den Leitungsbahnen der Pflanzen gelangt. Die Reduktion des Stickstoffs im Nitrat erfolgt über die Zwischenstufe des Nitrits und wird letztlich durch das Sonnenlicht angetrieben. Die dabei auf den Stickstoff übertragenen Elektronen stammen vom Sauerstoff im Wassermolekül, wodurch dieser zu elementarem Sauerstoff wird, der dann als Luftsauerstoff entweicht.

Der nun reduzierte Stickstoff wird über den Glutamatsynthesezyklus über die Aminosäure Glutaminsäure in den Stoffwechsel der Pflanze eingeschleust, sodass dort alle anderen Aminosäuren zur Produktion von Proteinen oder andere stickstoffhaltige Verbindungen erzeugt werden können.

In der unberührten Natur gehören Stickstoffverbindungen wie Nitrat und Ammonium zu den eher seltenen und somit

Unauffindbare Wahrheit

Der griechische Philosoph Pyrrhon von Elis ist Begründer der »Pyrrhonischen Skepsis«, einer Hauptrichtung des antiken Skeptizismus. Er unterzog die Wahrnehmung durch die Sinnesorgane, aber auch Moral und Logik einer intensiven Prüfung – mit dem Ergebnis, dass keine Erkenntnis und keine Einordnung in Falsch oder Wahr möglich ist.

Das hatte zur Folge, dass er sich jeder Meinung und Entscheidung enthielt. Er forderte kritisches Denken, erhob den Zweifel zum Prinzip und schloss so eine Urteilsfindung aus. Seiner Umwelt begegnete er mit einer unerschütterlichen Seelenruhe und Gleichgültigkeit.

Anekdoten berichten, wie Pyrrhon seine Philosophie im realen Leben umsetzte. So führte er Debatten auch dann unbeirrt zu Ende, wenn sich sein Gegenüber schon entfernt hatte. Zu einem Gerichtstermin erschien er erst gar nicht, weil der Richter aus seiner Sicht niemals ein wahres Urteil fällen könne.

Pyrrhon von Elis (ca. 362–275/270 v. Chr.) wurde ein berühmter Mann und außergewöhnlich alt.

Die Gefühle täuschen und die Logik sagt unterschiedliche Dinge.

Pyrrhon von Elis

7 Juli · Mittwoch

das Wachstum der Pflanzen begrenzenden Nährelementen. Einige Prozesse machen aber die gewaltige Stickstoffquelle Luftstickstoff für Pflanzen nutzbar, was allgemein als Fixierung von Luftstickstoff bezeichnet wird.

Zum einen sind das abiotische Prozesse, also Vorgänge, an denen keine Lebewesen beteiligt sind. So entstehen durch Blitze, vulkanische Aktivitäten oder auch durch Verbrennungen aus Stickstoff und Sauerstoff der Luft Stickstoffoxide, kurz auch Stickoxide genannt, die mit Regentropfen zu salpetriger Säure oder Salpetersäure reagieren. Diese regnet auf die Erde, wo sie sich mit dem Kalk im Boden zu Nitrat umsetzt. Während diese abiotischen Prozesse ungefähr zehn Prozent der Fixierung des Luftstickstoffs ausmachen, erfolgt gut ein Drittel durch industrielle Stickstoffdüngerproduktion. Den Hauptanteil trägt die biologische Stickstofffixierung bei. Diese erfolgt durch einige besondere Arten von Bakterien und Cyanobakterien. Manche dieser Stickstoff fixierenden Bakterien gehen mit Pflanzen eine Symbiose ein. Besonders wichtig sind etwa die Symbiosen zwischen Cyanobakterien und Wasserfarnen der Gattung *Azolla* beim Reisanbau oder die Knöllchen, eine Symbiose zwischen Rhizobien, den Knöllchenakterien, und den Wurzeln von Leguminosen, den Hülsenfrüchtlern. Zu dieser Pflanzengattung gehören Erbsen, Bohnen, Linsen, Lupinen, Klee und Akazien. Durch diese Knöllchen können bei guten Bedingungen einige Hundert Kilogramm Luftstickstoff pro Hektar und Jahr fixiert und so für Pflanzen nutzbar gemacht werden.

Rhizobien sind relativ häufige, frei in der Erde lebende Bakterien. Freilebend sind sie allerdings nicht in der Lage, Luftstickstoff zu fixieren. Trifft eine Leguminosenwurzel auf ein

Rhizobium, kommt es zu einer Art Infektion der Wurzelhaare durch die Bakterien. Die Rhizobien, die sich mittels Geißeln bewegen können, werden von den Leguminosenwurzeln durch Abgabe bestimmter chemischer Stoffe angelockt. Die Bakterie dringt in die Spitze des Wurzelhaars ein, worauf sich dieses einkrümmt und die Bakterie umschließt. Das Bakterium vermehrt sich und die Bakterien veranlassen das Wurzelhaar, sich zu verdicken. Zum anderen wird ein Infektionskanal zur Wurzelmitte angelegt. Entlang dieses Kanals werden weitere Wurzelzellen infiziert, die sich daraufhin vielfach teilen, wodurch sich die Wurzel an dieser Stelle knöllchenartig verdickt. In den Zellen werden die Bakterien von einer pflanzlichen Membran umhüllt, wodurch sie zur Umbildung veranlasst werden und sich auch nicht mehr vermehren können.

Die Bakterien besitzen ein spezielles Enzym, die Nitrogenase. Durch dieses Enzym können die Bakterien Luftstickstoff, der auch im Boden reichlich vorkommt, fixieren. Allerdings ist es sehr sauerstoffempfindlich. Deshalb sorgt die Pflanze für eine sehr niedrige Sauerstoffkonzentration in den Knöllchen. Andererseits benötigen die Rhizobien für ihren Stoffwechsel Sauerstoff, sodass der Sauerstoffgehalt sehr genau geregelt werden muss. Dafür haben die Leguminosen das Leghämoglobin, ein Stoff, der dem menschlichen Hämoglobin, dem sauerstoffbindenden roten Blutfarbstoff, sehr ähnlich ist. Da Leghämoglobin den Sauerstoff viel besser als das Hämoglobin bindet, kann die Pflanze den Sauerstoffgehalt in den Wurzeln so fein regulieren, dass das Enzym Nitrogenase nicht geschädigt wird, die Bakterien- und Wurzelzellen aber noch genügend Sauerstoff zum Überleben haben.

Die Bakterien werden von der Pflanze mit Nährstoffen versorgt, die sie durch Photosynthese herstellt. Im Gegenzug erhält sie fixierten Stickstoff, vor allem in Form von der Aminosäure Glutamin. Diese kann mit dem Wasserstrom in der ganzen Pflanze verteilt werden. Das Glutamin wird im schon oben erwähnten Glutamatsynthesezyklus über die Aminosäure Glutaminsäure in den Stoffwechsel der Pflanze eingeschleust.

Diese Pflanzen werden von Tieren gefressen, die so die pflanzlichen Proteine aufnehmen. Die Proteine werden in der Verdauung in Aminosäuren zerlegt, die dann wiederum als Bausteine für den Aufbau von tierischen Proteinen dienen. Gegebenenfalls werden Pflanzenfresser von anderen Tieren gefressen, sodass die tierischen Proteine erneut in der Verdauung zerlegt werden und die freigesetzten Aminosäuren als Bausteine für neue Körpersubstanz dienen.

Sowohl die stickstoffhaltigen Ausscheidungen der Tiere als auch alle tote organische Substanz wie pflanzliche und tierische Überreste werden anschließend von den Destruenten abgebaut. Die erste grobe Zersetzung der organischen Substanz erledigen Würmer und Gliederfüßer, die durch ihr eigenes Wachstum darüber hinaus auch wieder neue organische Substanz aufbauen. Endgültig werden diese Prozesse durch Pilze und Bakterien vollendet, die die stickstoffhaltigen Verbindungen oxidativ, also mit Hilfe von Sauerstoff, zerlegen.

Dabei entstehen zuerst in einem Ammonifikation genannten Prozess aus den organischen Stickstoffverbindungen Ammoniumverbindungen. Daran schließt sich durch weitere Bakterien die Nitrifikation an. Aus dem reduzierten, elektronenreichen Stickstoff im Ammonium werden wieder oxidierte Formen wie Nitrit und dann Nitrat. Durch diese Abbauprozesse setzen die Mikroorganismen Energie frei. Je nach pH-Wert des Bodens kann aus den Ammoniumionen auch Ammoniak entstehen, der aus dem Boden ausgast. Ist der Sauerstoffgehalt im Boden zu gering, kann es zur Denitrifikation kommen, wozu Nitrit und Nitrat zur Oxidation von organischen Stoffen herangezogen werden, sodass aus diesen Stickstoffverbindungen wieder elementarer Stickstoff entsteht, der in die Luft entweicht. Als Nebenprodukt entstehen zudem gasförmige Stickstoffoxide.

Die Abbauprodukte Ammonium und vor allem Nitrat stehen im Folgenden den Pflanzen erneut als Mineralstoff zur Verfügung. Die Stickstoffoxide reagieren, wie oben schon beschrieben, mit der Luftfeuchtigkeit zu salpetriger Säure oder Salpetersäure, die auf die Erde niedergehen und dort zu Nitriten und Nitraten reagieren. Der elementare Stickstoff kann über Blitze, Verbrennungen oder durch Mikroorganismen wieder eingeschleust werden. So schließt sich der Kreislauf des Stickstoffs.

Obwohl diese vielen Prozesse alle ineinandergreifen müssen, läuft der Stickstoffkreislauf schon seit Millionen von Jahren so ab. Schätzungen gehen davon aus, dass jedes Stickstoffatom im Lauf der Erdgeschichte schon mehrere hundert Mal in organische Moleküle und somit in Lebewesen eingebaut war. Im gleichen Zeitraum wurde es aber auch mehrere hunderttausend Mal unverändert einfach nur ein- und wieder ausgeatmet.

Im Unterschied dazu wurde jedes Sauerstoffatom im gleichen Zeitraum nur wenige dutzend Mal von Organismen in organische Moleküle eingebaut. Ein wirklich staunenswerter Blick auf Dinge, die uns ansonsten sehr alltäglich erscheinen!

32. GEFRÄSSIG UND GERISSEN – FLEISCHFRESSENDE PFLANZEN

Pflanzen sind photoautotroph. Darunter wird in der Biologie die Fähigkeit verstanden, organisch-chemische Verbindungen aus anorganischen Stoffen mittels Licht als Energiequelle aufzubauen. Dies trifft auf die überwältigende Mehrheit aller Pflanzen zu. Daneben gibt es einige besondere, bei denen sich im Lauf der Evolution andere Formen entwickelt haben. So gibt es einige parasitisch lebende Pflanzen, wie zum Beispiel die Teufelszwirne (*Cuscuta*) oder die Sommerwurze (*Orobanche*), die ihren Kohlenhydratbedarf nicht oder nur zum Teil durch eigene Photosynthese decken und daher ihre Wirtspflanze regelrecht anzapfen.

Und dann gibt es die Carnivoren. Diese fleischfressenden Pflanzen fangen mithilfe von umgewandelten Blättern Mikroorganismen, Gliederfüßer und sogar kleine Wirbeltiere, und verdauen diese. Dies geschieht aber nicht zur Ernährung im Sinne der Energiegewinnung, wie es bei Tieren der Fall ist. Vielmehr decken die Pflanzen auf diese Weise den Großteil ihres Mineralstoffbedarfs, vor allem den an Stickstoff und Phosphor. Das ist nötig, weil sie auf sehr mineralstoffarmen Böden leben, in denen diese Stoffe kaum oder gar nicht zur Verfügung stehen. Durch die umgebildeten Fangblätter können die fleischfressenden Pflanzen schlechter Photosynthese betreiben, sodass sie eher langsam wachsen und sich nur da durchsetzen, wo es keine oder kaum Konkurrenten um Licht gibt.

Die Venusfliegenfalle *Dionaea muscipula* ist in mehrfacher Hinsicht eine außergewöhnliche Pflanze. Nicht nur die Tatsache, dass sie carnivor ist, sondern auch, wie sie ihre Beute fängt, ist hochinteressant. Die vordere Hälfte ihrer Blätter sind zu Klappfallen umgebildet, deren Zuschnappen eine der schnellsten Bewegungen im Pflanzenreich ist. Dabei wird die Information, die zum Zuschnappen der Falle führt, wie bei Tieren durch elektrische Signale übertragen.

Der Gattungsname *Dionaea* leitet sich von Dione ab, die in der griechischen Mythologie die Mutter der Aphrodite ist. Der Artname muscipula ist lateinisch und bedeutet übersetzt »Mausefalle« - Diones Mausefalle. Der Name ist allerdings irreführend, denn die Pflanze fängt keine Mäuse.

Die außergewöhnlichen Eigenschaften der Venusfliegenfalle waren lange umstritten. In einem Brief an den schwedischen Naturforscher und Systematiker Carl von Linné, dem auch Pflanzenmaterial und eine Skizze der Venusfliegenfalle beilagen, äußerte der Erstbeschreiber dieser Pflanze, der irische Naturforscher John Ellis, die Vermutung, dass es sich bei *Dionaea* um eine fleischfressende Pflanze handelt. Linné verwarf diese Idee als blasphemisch, denn er meinte, sie verstoße damit gegen Gottes Gebot: »Allen Tieren des Feldes, allen Vögeln des Himmels und allem, was sich auf der Erde regt, was Leben in sich hat, gebe ich alle grünen Pflanzen zur Nahrung.« (Genesis 1,30) Deshalb hielt er es für unmöglich, dass grüne Pflanzen Tiere fressen - eine Verkehrung von Gottes Schöpfungsordnung. Erst Charles Darwin bewies gut einhundert Jahre später in seinem 1875 erschienen Buch »Insectivorous plants« zweifelsfrei die Carnivorie bei Pflanzen. Auch dass Pflanzen elektrische Signale zur Informationsübertragung verwenden, war lange umstritten, bis 1873 der englische Physiologe und Mediziner John Burdon-Sanderson an zwei Exemplaren von *Dionaea*, die ihm Charles Darwin schickte, elektrische Signale nachweisen konnte.

Diese besondere Pflanze kommt ursprünglich nur in den Pocosin-Sümpfen im Grenzgebiet zwischen South und North Carolina in den USA vor, wo sie auf sandigen bis torfigen dauerhaft feuchten Böden wächst. Um auf diesen nährstoffarmen Böden überleben zu können, hat sich im Lauf der Evolution die vordere Hälfte der Blattspreite zu einer Klappfalle umgebildet, mit der dann verschiedene Kleinlebewesen, vor allem Gliederfüßer wie Insekten oder Spinnen, gefangen werden. Die Falle besteht aus zwei Fallenhälften, die über eine Mittelrippe miteinander verbunden sind. Die Fallenränder sind von Fangborsten gesäumt, die beim Zuklappen der Falle ineinandergreifen, sodass die Beute nicht mehr entkommen kann. Auf jeder der beiden Falleninnenseiten befinden sich in der Regel drei, manchmal auch mehr Fühlborsten. Werden diese berührt, entsteht ein elektrisches Signal, ein Aktionspotenzial, das sich über die Falle ausbreitet.

Die aufgeklappten Fallenhälften sind durch Druckunterschiede in den Blattzellen wie halbkugelförmige Springgummis vorgespannt. Durch ein passendes Aktionspotenzial löst sich die Spannung und die Falle schnappt zu. Die Beutetiere werden zum einen durch die rote Färbung der Falleninnenseite und zum anderen durch Nektar angelockt, den Nektardrüsen am oberen Fallenrand unterhalb der Fangborsten produzieren.

Ist die Beute gefangen, geben die Drüsen auf der Fallen-Innenseite ein Sekret ab, durch das das Beutetier innerhalb gut einer Woche verdaut wird. Diese Sekretdrüsen sind auch für die Aufnahme der so freigesetzten Mineralstoffe zuständig.

Anschließend baut die Pflanze wieder durch Druckunterschiede Spannungen in den Fallenhälften auf und die Falle öffnet sich langsam. Die unverdaulichen Reste der Beute entfernen Wind und Regen aus der Falle. Eine Falle kann nur einige wenige Male zuschnappen, dann stirbt sie ab. Auch das Wiederaufklappen der zugeschnappten Falle ist sehr energieaufwändig und dauert mehrere Stunden. Deshalb hat die Pflanze Mechanismen entwickelt, durch die ein unnötiges Zuklappen der Falle vermieden werden kann – die Pflanze kann sozusagen zählen: Wird eine der Fühlborsten berührt, geschieht zunächst nichts. Zwar löst die Berührung ein elektrisches Signal aus, doch die Falle bleibt geöffnet. Erst wenn dieselbe Fühlborste oder eine weitere innerhalb von einer halben Minute ein zweites Mal berührt wird, breitet sich ein weiteres Aktionspotenzial über die Falle aus und sie schnappt zu. So wird vermieden, dass sie wegen eines herangewehten Blatts oder eines Regentropfens auslöst.

Auch wenn die Falle zugeschnappt ist, geschieht zunächst nichts. Gibt es im Inneren keine Bewegung, öffnet sie sich nach einiger Zeit wieder. Erst wenn sich in der zugeschnappten Falle etwas bewegt und eine Fühlborste ein weiteres Mal berührt wird, setzt die Produktion von Verdauungssekret ein. Zudem schließt sie sich noch fester. Dabei gilt: Je heftiger sich die Beute im Inneren bewegt, je öfter also die Fühlborsten berührt werden, desto stärker ist die Produktion von Verdauungssekret und desto fester schließt sich die Falle.

Durch das Zählen der Berührungen wird ein unnötiges Zuklappen vermieden, die energie- und rohstoffaufwändige Produktion von Verdauungssekret gesteuert und dann der Größe der Beute angepasst.

33. KOPF HOCH – WARUM DER MENSCH AUFRECHT GEHT

Was zeichnet den Menschen aus, was unterscheidet ihn vom Tier? Der Mensch ist im Unterschied zu allen anderen Tieren ein vernunftbegabtes Lebewesen. Der Übergang vom Tier zum Mensch ist verbunden mit dem aufrechten Gang und mit der starken Zunahme des Gehirnvolumens. Doch wie kam es dazu, was hat diese Entwicklung angetrieben, die zu uns, dem *Homo sapiens sapiens*, dem *weisen Menschen*, führte?

Lange Zeit nahm man an, dass sich der aufrechte Gang, die Vergrößerung des Gehirnvolumens und damit verbunden der Werkzeuggebrauch parallel zueinander entwickelt hätten. Dabei dachte man, dass jedes dieser Merkmale das andere gefördert habe. Ein Lebewesen, das einfache Werkzeuge verwendete, musste ein größeres Gehirn entwickeln, um deren Gebrauch besser zu steuern. Um die Werkzeuge besser halten zu können, musste es auch aufrechter gehen, damit es die beiden vorderen Gliedmaßen für den Gebrauch der Werkzeuge nutzen kann. Ein größeres Gehirn würde weiter zu mehr Werkzeuggebrauch führen und das wiederum den aufrechten Gang verstärken, da man dazu die Hände benötigt.

Weit verbreitet war auch die These, dass die ersten Primaten, wie es heute noch Gorillas oder Schimpansen tun, vierfüßig gingen und sich dabei auf den Knöcheln ihrer Hände abstützten. Von diesem Knöchelgang aus habe sich dann der aufrechte Gang entwickelt. Ähnlich wie Gorillas oder Schimpansen etwas unbeholfen auf zwei Beinen aufrecht gehen können, stellte man sich das bei den ersten halbwegs aufrecht gehenden Vorfahren des Menschen vor. Die Wiege des Menschen steht in Ostafrika. Als er erschien, wurde das Klima trockener, die ausgedehnten Wälder wurden dünner und zwischen größeren Bauminseln entstanden savannenartige Grasflächen. Mussten unsere Vorfahren nun von Bauminsel zu Bauminsel wechseln, hätten sie in aufrechter Haltung besser über das Gras hinwegsehen und so Fressfeinde eher erspähen können.

Dabei gibt es aber folgendes Problem: Hätten sich Tiere, die nur unbeholfen aufrecht »watscheln« beziehungsweise eher langsam auf Knöcheln laufen können, in die Savanne hinausgewagt, wären sie sehr bald zur Beute von schnellen Raubtieren geworden. Also muss sich der aufrechte Gang entwickelt haben, bevor die Vorfahren des Menschen in die Savanne hinausgezogen sind.

Der US-amerikanische Anthropologe Claude Owen Lovejoy hat dazu eine sehr interessante Theorie entwickelt: Die ältesten Vorfahren des Menschen waren bodenlebende Vierfüßer, die Insekten jagten. Im Lauf der Zeit haben sie sich dem Leben in den Baumkronen angepasst, vielleicht, weil dort das Angebot an Beutetieren deutlich größer war. Allerdings ist das Jagen in Baumkronen sehr komplex, zumal die Beutetiere meist sehr flink sind. Deshalb müssen die Jäger gut springen, sicher greifen und sich dazu noch festhalten können. Dafür waren dann längere Greiffinger an den Vorderpfoten hilfreich, die statt langer Krallen flache Nägel haben. Dies führte aber im Gegenzug dazu, dass sie sich nicht mehr so rasch und flink in den Ästen und Zweigen fortbewegen konnten, denn dafür sind Klauen besser geeignet.

Die Lebensweise in den Baumkronen machte darüber hinaus dreidimensionales Sehen nötig. Zum einen, um Beutetiere sicher fangen und zum anderen, um sich am nächsten Ast sicher festhalten zu können. Dies ist nur möglich, wenn beide Augen gleichzeitig auf das Ziel gerichtet werden, was bedeutet, dass die Augen nicht mehr seitlich am Kopf, sondern an der Vorderseite positioniert sind. Die Koordination der Bewegung im dreidimensionalen Raum der Baumkronen machte auch eine größere »Rechenleistung« des Gehirns nötig, sodass sich das Gehirnvolumen dieser sehr frühen Primaten vergrößerte.

Diese Primaten spezialisierten sich immer mehr auf das Leben in den Bäumen. Sie kletterten nicht mehr an den Ästen entlang, sondern schwangen sich von Ast zu Ast oder liefen auf den Ästen, indem sie sich mit ihren Händen an Ästen über ihrem Kopf festhielten.

Dazu entwickelten sie ein kürzeres Rückgrat und ein entsprechend geformtes Becken. Auf dem Boden waren sie allerdings zunächst unbeholfene und eher schlechte Läufer. Das kurze Rückgrat mit dem passend geformten Becken und die halb aufrechte Körperhaltung waren dann für die Entwicklung des aufrechten Gangs eher förderlich, da so das Ausbalancieren erleichtert wurde. Diese Primaten watschelnden zunächst eher unbeholfen von Baum zu Baum, verbesserten aber diese Fortbewegungsart zunehmend, da es für sie in den großen Wäldern vorteilhafter war. Erst als die frühen menschlichen Vorfahren vollkommen aufrecht gingen, haben sie die Savanne erobert.

Nach Lovejoy hat sich der aufrechte Gang letztlich aus Gründen der Sexualität entwickelt. Es gibt zwei grundlegend unterschiedliche Fortpflanzungsstrategien bei Tieren. Die einen erzeugen möglichst viele Eier, investieren aber sehr wenig Energie in jedes und kümmern sich nicht mehr nach der Eiablage darum. Ein gutes Beispiel dafür ist die Rotfeder. Bei diesem einheimischen Karpfenfisch legen die Weibchen bis zu 200 000 kleine klebrige Eier an Wasserpflanzen ab. Mehr sorgen sie sich aber nicht mehr um den Nachwuchs, sie überlassen das Gelege sich selbst. Das andere Extrem sind die großen Primaten wie Gorilla, Schimpanse oder Orang-Utan. Diese bringen nur alle fünf bis sechs Jahre ein gut entwickeltes Junges zur Welt und kümmern sich dann jahrelang sehr intensiv darum. Beide Extreme haben ihre Vorteile, aber auch erhebliche Nachteile, und bei vielen Tierarten sind daher diese beiden Formen der Fortpflanzung nicht ganz so ausgeprägt.

Für die großen Primaten ergibt sich dadurch ein erhebliches Problem. Fällt nämlich ein Jungtier einem Raubtier, Krankheiten, ungünstigen Umweltbedienungen oder einem Unfall zum Opfer, ist das ein erheblicher Schaden. Geschieht dies häufiger, verschwinden bestimmte Genkombinationen für immer. Im Extremfall führen dann mehrere dieser Vorfälle hintereinander über kurz oder lang zum Aussterben der Art.

Die Entwicklung hin zu sehr wenigen, aber gut entwickelten Nachkommen, um die sich lange gekümmert wird, begann bei den Primaten sehr früh und verstärkte sich zunehmend, da sie zunächst sehr erfolgreich war. Auch deshalb, weil sich die Primaten weiterentwickelten und sich so immer besser um den Nachwuchs kümmern konnten. Besonders fürsorgliche Weibchen haben eine größere Chance, ihre Jungen aufzuziehen. Höhere Fürsorglichkeit bedingt aber eine höhere Intelligenz, was eine Weiterentwicklung des Gehirns erfordert. Dieses größere Gehirn wird dann auch bei den Nachkommen vorhanden sein. Um aber Nachkommen mit größerem Gehirn austragen zu können, muss der Embryo mit ausreichend Sauerstoff und Nährstoffen versorgt werden. Nur wenn das Gehirn weit entwickelt ist, kann der Nachwuchs gut lernen. Damit sich das Gehirn richtig entwickeln kann, muss die Tragzeit länger werden. Da aber die Mutter nicht unbegrenzt Energie in die Entwicklung von Embryonen investieren kann, führt dies notwendigerweise zu einer geringeren Geburtenrate. Also: Je weniger Nachkommen, desto höher entwickelt muss das Gehirn sein.

Wenn nun ein Junges ein größeres Gehirn hat, dann benötigt es auch mehr Zeit, dessen Gebrauch zu üben und zu lernen. Die Kindheit verlängert sich also. Da Spielen die beste Art des Lernens ist und man am besten mit anderen spielen kann, erfordert dies ein Zusammenleben in einer sozialen Gruppe. Es muss sich ein entsprechendes Sozialverhalten entwickeln, wozu eine höhere Intelligenz vonnöten ist. Somit wären wir wieder am Anfang, also bei der höheren Intelligenz, was bedeutet, dass ein Faktor den anderen bedingt und verstärkt. Dabei sind die einzelnen Punkte dieses Systems auch über Kreuz miteinander verknüpft. So erleichtert das Zusammenleben in der Gruppe den Schutz vor Fressfeinden, die Nahrungssuche oder das Finden eines Geschlechtspartners. Damit bleibt mehr Zeit für die Aufzucht der Jungen, das Spielen oder für soziale Interaktionen, was alles wiederum zu einer höheren Intelligenz führt und damit letztlich zu noch weniger Nachkommen.

Das wird irgendwann zum Problem. Denn dann ist die Fruchtbarkeit und die Vermehrungsrate so gering, dass schon eher unbedeutende Ereignisse existenzbedrohend für eine Art sein können. Also muss die Geburtenrate erhöht werden, was durch den aufrechten Gang möglich war.

Dieser scheinbare nicht nachvollziehbare Gedankensprung lässt sich folgendermaßen auflösen: Solange ein Weibchen ein Junges aufzieht, es mit sich trägt, es füttert und beschützt, kann es kein weiteres Jungtier aufziehen. Sie muss in den Baumkronen umherklettern, um Nahrung zu finden. Dabei trägt sie ihr Jungtier auf dem Rücken. Es besteht dabei immer die Gefahr, dass das Jungtier Fressfeinden zum Opfer fällt oder abstürzt. Dazu kommt, dass das Jungtier die Mutter bei der Futtersuche eher behindert und die Nahrungssuche nicht so effizient ist.

Wäre nun ein Weibchen in der Lage, mehrere Jungtiere gleichzeitig aufzuziehen, könnte die Geburtenrate deutlich erhöht werden. Dazu müsste sie weniger umherziehen, sodass sie sich mehr um den Nachwuchs kümmern könnte. Würde sie am Boden bleiben, könnte sie die Jungtiere besser vor Fressfeinden schützen und auch die Gefahr von Unfällen wäre geringer. Zudem müsste sie das Jungtier nicht mehr herumtragen, was ihr die Möglichkeit gäbe, mehr als ein Jungtier großzuziehen.

Da sie zudem in einer Gruppe lebt, könnte diese zusätzlichen Schutz bieten. Dadurch, dass sie weniger umherzieht, wäre der Lebensraum besser bekannt und mögliche Gefahrenstellen könnten umgangen werden. Durch die kürzeren Wege bliebe auch mehr Zeit für den Nachwuchs. Das Problem dabei ist allerdings, dass durch diese Lebensweise das Nahrungsangebot beschränkt und so die Nahrungssuche erschwert ist. Darüber hinaus wäre durch den zusätzlichen Nachwuchs der Nahrungsbedarf erhöht.

Dies alles wäre also nur möglich, wenn das Weibchen Unterstützung erhielte, indem sie Nahrung durch das Männchen gebracht bekommt. Dazu muss das Sozialgefüge in der Gruppe entsprechend gut ausgebildet und das Konfliktpotenzial möglichst gering sein. Der Kampf um den Geschlechtspartner in einer Gruppe bringt in der Regel die größte Unruhe, weshalb dieses Konfliktpotenzial ausgeschaltet werden muss. Würden also die Weibchen nicht mehr in allen Männchen einen Geschlechtspartner sehen und die Männchen nicht mehr von allen Weibchen angezogen, würde das das Konfliktpotenzial erheblich senken. Das heißt, dass die sexuellen Reaktionen individualisierter sein müssen, was letztlich dazu führt, dass nur noch ein Männchen von einem Weibchen sexuell angezogen wird. So kann das Männchen sicher sein, dass das Weibchen in seiner Abwesenheit nicht von einem anderen Männchen begattet wird. Für andere Männchen dürfte das Weibchen nicht mehr attraktiv sein, denn die sexuelle Stimulierung wäre für jedes Individuum spezifisch. Wenn man so will, entspricht dies der Entwicklung des Verliebtseins.

Es finden sich also feste Paare, die ein Leben lang zusammenleben und gemeinsam den Nachwuchs aufziehen. Das Männchen kann nun bei der Versorgung der »Familie« mithelfen, denn es ist sichergestellt, dass die Jungtiere alle von ihm sind. Für den nun nötigen Transport der Nahrung hat ein Vierfüßer nur eine Hand frei, die andere ist zum Ausbalancieren des Körpers beim Gehen nötig. Je besser und länger er sich auf den Hinterbeinen halten kann, desto weiter und desto mehr Nahrung kann er tragen.

So bedingen sich also aufrechter Gang, Einehe und das Teilen von Futter gegenseitig und verstärken sich. Die Vorfahren des Menschen haben vor etwa vier Millionen Jahren im Wald den aufrechten Gang entwickelt, um mehr Nachwuchs großziehen zu können. Als dann die Wälder lichter wurden, die Savanne sich ausdehnte und so die Konkurrenz im angestammten Lebensraum größer wurde, eroberten aufrecht gehende Lebewesen die Savanne als neuen Lebensraum. Aufgrund der besonderen Bedingungen und Lebensumstände dort entwickelten die Zweihänder den Werkzeuggebrauch.

SCHLUSS

Das Staunen ist der Anfang aller Philosophie. Von hier führt eine Brücke zum Glauben an den Schöpfer dieser wunderbaren Welt, zu Gott. Wir meinen, dass man dieser Brücke in einer guten Weise trauen kann.

Naturwissenschaften können die Rätsel lösen, die uns in unserer Welt entgegentreten. In diesem Rätsellösen sind die Naturwissenschaftler in den letzten Jahrhunderten sehr erfolgreich gewesen. Die Erfahrung ist allerdings auch, dass hinter der Lösung eines jeden naturwissenschaftlichen Problems mindestens drei neue Fragen auftauchen, die es ebenfalls zu lösen gilt.

Dachte man Ende des 19. Jahrhunderts, alle grundlegenden Fragen seien beantwortet, wurde man innerhalb weniger Jahre durch die Forschungen von Max Planck und Albert Einstein (um nur zwei der bekanntesten Forscher zu nennen) eines Besseren belehrt. Zu dem »perpetuum mobile« der Naturwissenschaft, die sich quasi selbst am Laufen hält, kommt notwendig durch ihre Methode eine gewisse Beziehungslosigkeit zu der uns umgebenden Welt, in der und von der wir leben.

Hier kann eine andere Seite unserer menschlichen Fähigkeiten entscheidend weiterhelfen. Denn das Staunen über unsere wunderbare Welt stößt uns auf das Geheimnis, das ihr innewohnt. Glaube und Beziehung können uns in das Geheimnis einführen, das uns im Universum, in uns selbst als Menschen und seinem Schöpfer gegenübertritt. Anders als Rätsel können Geheimnisse nicht gelöst werden. Sie brauchen und sollen auch gar nicht gelöst werden, da sie sonst verlorengehen.

Die chemische Analyse von Vanilleeis wird nichts von der Erfahrung eines Menschen erfassen können, der es im Sommer an einem warmen Tag in geselliger Runde genießt. Eine musiktheoretische Analyse sagt nichts über die Schönheit und die Empfindungen aus, die zum Beispiel Beethovens neunte Sinfonie in uns Menschen auslösen kann. Beide Phänomene hängen ganz eng mit dem subjektiven Erleben von uns Menschen zusammen, das sich der strengen naturwissenschaftlichen Methode entzieht und stattdessen den Raum für den größeren Zusammenhang öffnet, in dem wir miteinander leben. Unsere Welt wird durch die Geheimnisse größer, tiefer und weiter, als wenn wir nur beim Rätsellösen stehen bleiben. Unsere Lebensgeheimnisse wollen erfahren, erlebt und gepflegt werden. Sie brauchen Raum und Zeit und entziehen sich unserer genauen Analyse, denn sie gehören wesentlich zum Leben.

So können die Geheimnisse unserer Welt auch zu ihrem Schöpfer führen, der uns einerseits zeitlebens ein Geheimnis bleibt, den wir andererseits in unserer Suche doch immer tiefer erfahren können und der das Vakuum schon längst gefüllt hat.

EPILOG

Der Werke Gottes will ich nun gedenken,
was ich gesehen habe, will ich erzählen:
Durch Gottes Wort sind seine Werke entstanden;
ein Werk seines Wohlwollens ist seine Lehre.
Über allem strahlt die leuchtende Sonne:
das Werk des Herrn ist voll von seiner Herrlichkeit.
Nicht einmal die Engel Gottes
können all seine Wunder erzählen.
Gott gibt seinen Heerscharen Kraft,
damit sie bestehen können vor seiner Herrlichkeit.
Die Meerestiefe und das Menschenherz erforscht er,
ihre Geheimnisse kennt er alle.
Denn der Höchste hat Kenntnis von allem,
er sieht voraus, was bis in Ewigkeit geschehen wird.
Vergangenes und Künftiges - er macht es kund,
die Rätsel des Verborgenen enthüllt er.
Ihm mangelt es an keiner Einsicht,
kein Ding bleibt ihm verborgen.
Seine machtvolle Weisheit hat festen Bestand:
Er ist ja derselbe seit ewigen Zeiten.
Nichts ist hinzuzufügen, nichts zu entfernen.
Er braucht keinen, der ihn berate.
Voll Anmut sind alle seine Werke,
bis hin zum kleinsten Funken
und zur flüchtigen Erscheinung.
Sie alle leben und bestehen für immer,
für jedes Bedürfnis ist alles bereitgestellt.

Jedes Ding ist vom anderen verschieden,
und keins von denen, die er schuf, ist entbehrlich.
Eines ergänzt das andere in seinem Wert.
Wer kann sich sattsehen an ihrer Herrlichkeit?

Wir wollen ihn lobpreisen,
ergründen können wir ihn nicht -
er ist ja noch größer als all seine Werke.
Überaus ehrfurchtgebietend ist der Herr,
und wunderbar ist sein machtvolles Wirken.
Die ihr den Herrn lobpreist, erhebt die Stimme,
singt, so gut ihr nur könnt:
Es wird niemals genügen.
Die ihr ihn erhebt, bietet alle Kraft auf,
werdet nicht müde:
Ihr kommt nie an ein Ende!

JESUS SIRACH 42,15-25 UND 43,28-30

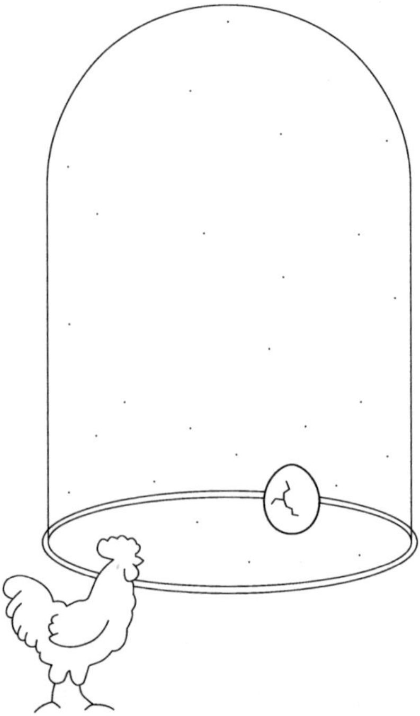